JN098708

計測工学入門

［第3版・補訂版］

INTRODUCTION TO MEASUREMENT ENGINEERING

中村邦雄＝編著

石垣武夫・冨井 薫＝共著

森北出版株式会社

第3版のまえがき

　計測とは，目的とする量を計器によって求めることである．それによって初めて，推定や予見でなく計測結果に基づいて推論を確認したり，予想との違いの原因を見極めて考え方や理論を更新することができる．その技術的な進歩が新しい現象の発見につながり，研究の発展に大きな貢献をしてきた．さらには，高度・高性能の工業製品を作り上げる根幹でもある．

　今では計測技術の重要性は，イノベーションを加速するためのボトルネックとして認識され，社会の発展に伴い，常に要求される計測精度の向上と計測対象の拡大を実現する革新的計測分析技術が求められている．

　このような状況にあって，工学部生向けの教科書と入門書を兼ねた本書の初版発行後，2007年に抜本的に見直しを行って第2版を発行したが，この間の技術進歩の速度が速く，さらに改訂が必要とされるようになった．たとえば，SI単位系などは，不変のものと思いがちであるが，常に不確定性をより小さくしようとする努力が続けられている．長さの1次標準を光コムとしたり，重さの単位を原器から原子レベルの定数を使おうと検討しているのはそうした最新技術の流れである（また2018年の国際度量衡総会での決定で，重さの単位にプランク定数が使われることになった．これにあわせて，2020年発行の補訂版では本文を見直している）．

　改訂に当たっては，計測の補助手段としての"電気信号の増幅とディジタル回路"はほかの教科書に譲るとして全文削除したうえ，初版，第2版の方針を継承して基礎的で必要な項目に絞り，計測の原理，現在実用化されている主な計測方法・手段および実用面で注意すべき事柄に重点を置いた．また，例題を見直して本文で十分理解できると思われるものは削除した．さらに，Coffee Breakを最小限に絞り込み，Topicsの内容も見直して現在の潮流に沿うものとした．

　計測技術は，製品やサービスの質および量を定量化するものであるが，これを社会・産業活動に適用するうえでは，測定対象，測定する量，測定器，測定環境，測定結果の表示およびその信頼性など，広く情報化のための社会システムとしてとらえる必要性が大きくなってきている．本書がそのお役に立てば幸甚である．

　2015年10月（2019年11月追記）　　　　　　　　　　　　　　著　者

まえがき

　計測の礎ともいえる計測量の単位について，わが国でもようやく国際単位が施行されはじめ，今までなじんできたカロリーは，栄養に関するもの以外は使えなくなるなど大きな改定が行われている．また，放射線の単位"キュリー"は使われなくなり，"キュリー夫人"引退という報道記事が出たこともある．さらに，天気予報でおなじみのミリバールは，ヘクトパスカルという聞きなれない単位に置き換えられている．1959年に尺貫法から切り替わったメートル法はすっかり定着したが，ここで再び若干の戸惑いを交えながら頭の切り替えをしなければならない状況になってきている．

　一方，計測の最先端では，高精度，高感度，高分解能，高速応答といった従来の開発指向だけでなく，それらに加えて，複合情報，あいまい量なども積極的に計測の対象に取り入れ，人間にとって必要な情報とは何かを追求し，わかりやすく，有益なデータを提供するような努力が積み重ねられている．つまり，単に物理量だけを計測するのではなく，豊富でかつ多様なデータを集め，これを処理して有効な情報に仕上げることができる時代になってきたともいえる．その背景には，半導体の集積回路によるコンピュータ技術の大きな寄与がある．そして，それを使いこなし，いわゆる"インテリジェント"な計測システムを構築するためのソフト開発に多大な努力が払われている．

　このような状況にあって，機械系学生向けの"計測"の講義と，各種委員会における先端計測についての調査を通じて得た知見をもとに，教科書と入門書を兼ねた本書をまとめた．計測については，多くの優れた著書があるので，正面から計測を論じることよりも，少し視点を変えて計測の本質に迫り，かつわかりやすい内容にするようこころがけた．

　したがって，計測項目の各論では基本的かつ必須な項目に絞り，実用面で注意すべき事柄と原理に重点をおいて解説し，詳細はほかの専門書に譲った．また，実用化段階での最先端計測をトピックス的に取り上げ，その概要を解説した．さらに，理解を深めるために演習問題を盛り込んだ．なお，頭休めのため，Coffee Breakを設けた．たとえば，1000倍量の接頭語"k"の話がある．接頭語"k"はよく間違えられる．これは大文字にする人が多いのだが，そのように間違えられるそれなりの背景がある．

　工学にたずさわる人のほとんどは，計測に関与する機会をもつはずである．計測の専門家ではなくても，計測の本質を理解しておくことは開発を進めるうえで大きな力になると信じている．その意味で，本書が皆様のお役に立てば幸いである．

1994 年 3 月

著　者

目　　　次

第 1 章　計測の基礎

　計測とは何をすることかと問われても，一言で答えることは難しい．なぜなら，それは人間の社会に多岐にわたって深く関わり合っているからである．人は本能的にはかるという行為によって情報を収集し，知識を得て，個人や社会の問題を解決しながらさまざまな分野で発展的に営みを続けている．このように，計測は自然科学のみならず，社会科学，人文科学などすべての科学に関わっている．したがって，あらゆる科学に対応することを表す意味で**計測科学**とよぶ人もいる．また，"**計測なくして科学はない**" ともいわれ，その重要性がうたわれている．

　この章では，計測のもつ意味，単位と次元，標準とトレーサビリティ，計測精度，測定値の信頼性などについて述べる．

1.1　計測の意味

　計測（measurement）とは，どのような意味であろうか．辞書によれば，"数量をはかる" ことであり，(1)数える，計算する，(2)はかり，ます，ものさしで重さ，量，長さを知ろうと試みることである．ここで "はかる" とは，計る，測る，量るという言葉があたる．これらの言葉に対応して**計測，測定，計量**という用語がある．用語の定義は，国際的に制定された**国際計量基本用語集**（VIM：international vocabulary of metrology－basic and general concepts and associated terms (2007)）と適合する**日本産業規格（JIS Z 8103）**に記述されている．JIS による定義では，計測とは "特定の目的をもって，事物を量的にとらえるための方法・手段を考究し，実施し，その結果を用い所期の目的を達成させること" であり，計量とは "公的に取り決めた測定標準を基礎とする計測" である．また，測定は "ある量を，基準として用いる量と比較し数値または符号を用いて表すこと" である．このように計量は計測が意味するものの部分として含まれ，計測のほうが広い意味で使われる．これをもっと平易に説明すると，"計測" とは，計測対象に対して基準に基づいて "測定" を繰り返して行い，多くの情報を得て計測対象の価値ある情報，すなわち知識を獲得することであり，そ

の知識を人間の文化的営みと社会の発展のために役立たせることである.

　計測工学ははかる行為の技術的な側面であり，**度量衡**という言葉の意味する長さ，容積，質量をはかることに限らず，電気・電子計測，化学計測，放射線計測など工学の各分野で体系化されている.本書では，それらの基本と必須項目に絞って概説している.最近は，既存の分野を超えた境界領域(たとえば，環境科学の分野など)における計測が要求されており，総合的な判断が必要になってきている.計測工学の目的は，計測の定義に従い，"測って何がわかるか"，"何に役立つか"，"どのようにして測るのか"，"確かに測れたのか"を知ることである.この目的を実現するためには，"現象"を測定，分析，処理することが求められ，そのための手段として測定量である"信号"の検出・変換，伝達，分析・処理・判断，制御の技術と評価が必要である.

　以上のことから，下記の三つの仕事が重要だといえる.

① 社会秩序に貢献する基準を作る計量の仕事

② より高い人間の要求に対処する情報の収集と知識の獲得の仕事

③ 獲得した知識を活用して文化的かつ科学的な社会の構築を支援する仕事

1.2　単　位

　計測の歴史をたどれば，人間の五感に頼ったのがその始まりであろう.それがだんだん定量性と厳密性が必要になり，単位という概念が考え出され，その単位をもとにして計測の基礎が築かれた.1フィートは約30 cmで，人間の足(foot)の寸法がもとになったといわれている.

　計量の単位はこのように，昔は身近にあって，便利で比較的ばらつきの少ないものを使って決められてきた.その時代ではそれが最良の単位だったのだが，科学技術の発展に伴って，より正確で精度の高い基準が得られるようになり，単位が改定され，現在に至るまで精度向上の努力がなされている.

　ただ，計量は実生活に密着しているので，その基礎を支える単位をむやみに改定することは，混乱の原因になり，避けなければならない.したがって，単位の改定には，社会の状況を配慮して十分な予告期間と猶予期間を設け，さらには，移行期間には新旧両単位の併用を認めるなどの処置をすることになる.

　計測量には，**物理量**と**工業量**がある.前者については，互いに物理法則によって関係づけられているので，いくつかの物理量を**基本単位**として選べば，その他の物理量はその基本単位で組み立てることができる.それらを**組立単位**という.後者の工業量は，複数の物理的性質に関係する量で，測定方法によって定義される工業的に有用な量である.たとえば，研磨材の粒度，硬さ，仕上げ面の面粗さなどのことで，測定装

置，測定法，表示の方法などを定義して，計測上の混乱を招かないような配慮をして用いる．

　現在使われている単位の歴史は意外と新しい．メートル法が締結されたのが 1875 年であり，このメートル法を基本として改良した一貫性のある単位系として 1960 年の**国際度量衡総会**（**CGPM**：conférence générale des poids et mesures）において決定された**国際単位系**は，"いつでもどこでも"実現でき，一量一単位制を原則とするという特徴をもつ．この国際単位は，今まで力学系，電気・磁気系で使われていたさまざまな単位系を取りまとめたものである．力学量については従来の力学絶対単位系の MKS 単位系を採用し，電気・磁気量については従来の電気・磁気絶対単位系の MKSA 単位系を採用した．光に関する量，物質に関する量については新たに加えられた．それ以降もしばらくは複数の単位系が使われていたが，国際単位系の詳細が決まった 1992 年以降はこの単位系の採用が推奨されてきた．そして 2018 年の国際度量衡総会では，質量が，プランク定数という基礎物理定数に基づく定義とされ，新たな国際単位系は 2019 年 5 月 20 日より施行されることになった．同時に，アンペア，ケルビン，モルの定義も改訂された．5 月 20 日という日は，メートル条約が締結された日であり，世界計量記念日である．

　国際単位系はフランス語で système international d'unités とよばれ，一般に略して，SI といわれている．英語では international system of units となる．SI は，**SI 単位**（基本単位，組立単位），**SI 接頭語**，SI 単位の 10 進の整数乗倍で構成される．接頭語をつけた単位は SI 単位の整数乗倍とよぶ．SI 基本単位は七つあり，その定義は表 1.1 に示すとおりで，次のような考え方で選定されている．

① 　正確に表現できる量であること
② 　一定に維持できる量であること
③ 　実用上有効な量であること
④ 　すべての組立単位ができるだけ簡単な形で組み立てられること

　なお，1995 年までは**補助単位**として位置づけられていた平面角と立体角は，組立単位に組み込まれた．

　組立単位は次のとおり 3 種類ある．

① 　基本単位を用いて表される SI 組立単位（面積，速度，波数，密度など）
② 　固有の名称とその独自の記号で表される SI 組立単位（表 1.2：22 個）
③ 　単位の中に固有の名称とその独自の記号を含む SI 組立単位（力のモーメント，角速度，誘電率，放射強度など）

　なお，下記の単位は SI に属さないが SI 単位と併用することができる．

① 　時間：分[min]，時[h]，日[d]

表 1.1 **SI 基本単位**[17, 34]

基本量	SI 基本単位		定 義
	名 称	記 号	
長 さ	メートル	m	メートル[m]は，長さの SI 単位である．これは，単位 m·s^{-1} による表現において，真空中の光の速さ c を正確に 299 792 458 と定めることによって設定される．
質 量	キログラム	kg	キログラム[kg]は，質量の SI 単位である．これは，単位 J·s (kg·m^2·s^{-1} に等しい)による表現において，プランク定数 h を正確に 6.626 070 15 × 10^{-34} と定めることによって設定される．
時 間	秒	s	秒[s]は時間の SI 単位である．これは，単位 Hz(s^{-1} に等しい)による表現において，基底状態で温度が 0 ケルビンのセシウム 133 原子の超微細構造の周波数 $\Delta\nu_{Cs}$ の数値を正確に 9 192 631 770 と定めることによって設定される．
電 流	アンペア	A	アンペア[A]は電流の SI 単位である．これは，単位 C(A·s に等しい)による表現において，電気素量 e を正確に 1.602 176 634 × 10^{-19} と定めることによって設定される．
熱力学温度	ケルビン	K	ケルビン[K]は熱力学温度の SI 単位である．これは，単位 J·K^{-1}(kg·m^2·s^{-2}·K^{-1} に等しい)による表現において，ボルツマン定数 k を正確に 1.380 649 × 10^{-23} と定めることによって設定される．
物質量	モル	mol	モル[mol]は物質量の SI 単位である．1 モルは正確に 6.022 140 76 × 10^{23} の要素粒子を含む．この数値は単位 mol^{-1} による表現でアボガドロ定数 N_A の固定された数値であり，アボガドロ数とよばれる． 系の物質量は，特定された要素粒子の数の尺度である．要素粒子とは，原子，分子，電子，その他の粒子，あるいは，複数の粒子であってもよい．
光 度	カンデラ	cd	カンデラ[cd]は所定の方向における光度の SI 単位である．これは，単位 lm·W^2(cd·sr·W^2 あるいは cd·sr·kg^{-1} m^2·s^2·ni に等しい)による表現において，周波数 540 × 10^{12} Hz の単色放射の視覚効果度 K_{cd} を正確に 683 と定めることによって設定される．

② 平面角：度[°]，分[′]，秒[″]
③ 面積：ヘクタール[ha]
④ 体積：リットル[l]　(注)l がほかと混同される恐れがある場合，L を使う．
⑤ 質量：トン[t]
⑥ エネルギー：電子ボルト[eV]
⑦ 質量：ダルトン[Da]
⑧ 長さ：天文単位[ua]

ここで，⑥，⑦，⑧は SI 単位による値が実験的に得られる単位で，電子ボルトは，

表 1.2　固有の名称とその独自の記号で表される **SI 組立単位**[33]

組立量	SI 組立単位		
	固有の名称	記号	SI 基本単位および SI 組立単位による表し方
平面角	ラジアン	rad	$1\,\mathrm{rad} = 1\,\mathrm{m/m} = 1$
立体角	ステラジアン	sr	$1\,\mathrm{sr} = 1\,\mathrm{m^2/m^2} = 1$
周波数	ヘルツ	Hz	$1\,\mathrm{Hz} = 1\,\mathrm{s^{-1}}$
力	ニュートン	N	$1\,\mathrm{N} = 1\,\mathrm{kg \cdot m/s^2}$
圧力，応力	パスカル	Pa	$1\,\mathrm{Pa} = 1\,\mathrm{N/m^2}$
エネルギー，仕事，熱量	ジュール	J	$1\,\mathrm{J} = 1\,\mathrm{N \cdot m}$
電力，工率，放射束	ワット	W	$1\,\mathrm{W} = 1\,\mathrm{J/s}$
電荷，電気量	クーロン	C	$1\,\mathrm{C} = 1\,\mathrm{A \cdot s}$
電位差(電圧)，起電力	ボルト	V	$1\,\mathrm{V} = 1\,\mathrm{W/A}$
静電容量	ファラド	F	$1\,\mathrm{F} = 1\,\mathrm{C/V}$
電気抵抗	オーム	Ω	$1\,\Omega = 1\,\mathrm{V/A}$
コンダクタンス	ジーメンス	S	$1\,\mathrm{S} = 1\,\Omega^{-1}$
磁束	ウェーバ	Wb	$1\,\mathrm{Wb} = 1\,\mathrm{V \cdot s}$
磁束密度	テスラ	T	$1\,\mathrm{T} = 1\,\mathrm{Wb/m^2}$
インダクタンス	ヘンリー	H	$1\,\mathrm{H} = 1\,\mathrm{Wb/A}$
セルシウス温度	セルシウス度[(1)]	℃	$1\,℃ = 1\,\mathrm{K}$
光束	ルーメン	lm	$1\,\mathrm{lm} = 1\,\mathrm{cd \cdot sr}$
照度	ルクス	lx	$1\,\mathrm{lx} = 1\,\mathrm{lm/m^2}$
(放射性核種の)放射能	ベクレル	Bq	$1\,\mathrm{Bq} = 1\,\mathrm{s^{-1}}$
吸収線量，カーマ	グレイ	Gy	$1\,\mathrm{Gy} = 1\,\mathrm{J/kg}$
(各種の)線量当量	シーベルト	Sv	$1\,\mathrm{Sv} = 1\,\mathrm{J/kg}$
酵素活性	カタール	kat	$1\,\mathrm{kat} = 1\,\mathrm{mol/s}$

注(1)　セルシウス度は，セルシウス温度の値を示すのに使う場合の単位ケルビンに代わる固有の名称である．(0℃ = 273.15 K)

"真空中において，1 ボルトの電位差を通過することによって電子が得るエネルギー"，以前は統一原子質量[u]とよばれていたダルトンは，"静止して基底状態にある自由な炭素原子 ^{12}C の質量の 1/12 に等しい質量の別名(記号)"，天文単位は，"太陽と地球の間の距離にほぼ等しい慣行的値"である．SI 単位系で表すと，以下の数値になる．

$$1\,\mathrm{eV} = 1.602\,176\,487 \times 10^{-19}\,\mathrm{J}$$
$$1\,\mathrm{Da} = 1.660\,538\,782 \times 10^{-27}\,\mathrm{kg}$$
$$1\,\mathrm{ua} = 1.495\,978\,706\,91 \times 10^{11}\,\mathrm{m}$$

SI 制定後，過去によく使われていた単位が推奨を外されて使えなくなっている．以下の単位がその例で，右側に新しい表示法を示す．

① カロリー[cal] → 4.186 ジュール[J]
② 気圧[atm] → 1013.25 ヘクトパスカル[hPa]

③　ミクロン[μ]　　　→　　　1　　　マイクロメートル[μm]
④　ガウス[G]　　　　→　　100　　　マイクロテスラ[μT]
⑤　キュリー[Ci]　　　→　　37　　　ギガベクレル[GBq]
⑥　ラド[rad]　　　　→　　10　　　ミリグレイ[mGy]
⑦　レントゲン[R]　　→　　258　　　マイクロクーロン/キログラム[μC/kg]
⑧　レム[rem]　　　　→　　10　　　ミリシーベルト[mSv]

　科学技術の進歩により計測の対象は多岐にわたり，計測量は極微量から巨大量まで，その範囲は広がる一方なので，当然，単位の**分量**，**倍量**が必要になる．表 1.3 にその分量，倍量の接頭語を示す．

表 1.3　分量，倍量を示す接頭語

単位に乗じる倍数	接頭語		単位に乗じる倍数	接頭語	
	名　称	記　号		名　称	記　号
10^{30}	ク エ タ	Q	10^{-1}	デ　シ	d
10^{27}	ロ　ナ	R	10^{-2}	センチ	c
10^{24}	ヨ　タ	Y	10^{-3}	ミ　リ	m
10^{21}	ゼ　タ	Z	10^{-6}	マイクロ	μ
10^{18}	エ　サ	E	10^{-9}	ナ　ノ	n
10^{15}	ペ　タ	P	10^{-12}	ピ　コ	p
10^{12}	テ　ラ	T	10^{-15}	フェムト	f
10^{9}	ギ　ガ	G	10^{-18}	ア　ト	a
10^{6}	メ　ガ	M	10^{-21}	ゼプト	z
10^{3}	キ　ロ	k	10^{-24}	ヨクト	y
10^{2}	ヘクト	h	10^{-27}	ロント	r
10	デ　カ	da	10^{-30}	クエクト	q

　クエクトからクエタまで 60 桁のレンジをカバーしているが，これでもすべてを十分に表現できない場合があり，必要に応じてその専門分野にだけ限定して都合のよい単位を設定して用いている．よく知られている単位として，天文学での**光年**という距離の単位が挙げられる．これは光が 1 年間かけて到達する距離であり，約 9.5 Pm（ペタメートル）になる．このようにメートルと倍量で表現はできるが，天文学のような分野では，さらにその何万，何億倍という距離を扱う必要があるので，この光年を単位とするほうが直感的に理解しやすい．

　とはいうものの，この 60 桁のレンジは大変大きく，たとえばピコ（p）程度の分量でも想像を絶する極微量である．なぜなら，光は世の中で一番速い存在であり，1 秒間に地球の 7 回り半相当の距離（30 万 km）を進むが，1 ピコ秒に進む距離は 0.3 mm である．この落差は 12 桁の分量ピコによるものであり，ヨクト秒ともなればさらに

12桁短くなり，倍量も使えばさらにその2倍の桁数をカバーできる．したがって，特殊な分野を除けばほとんどこれで用が足りるといえよう．

　なお，質量の基本単位である"キログラム"には，歴史的理由から接頭語の名称"キロ"が付いているが，接頭語を重ねて用いることは禁じられているので，質量の倍量と分量は"グラム"に接頭語をつけて構成する．たとえば，基本単位の 10^{-6} はマイクロキログラム[μkg]ではなくミリグラム[mg]である．

Coffee Break　温度の基本単位"K"と倍量の接頭語"k"の誤解

　絶対温度はケルビン[K]で表すが，これを"°K"とする人が多い．日常では温度を表現するのに，たとえば，"20度"などというが，この"度"がまさに"°"である．したがって，このような間違いが起きるのもやむをえない一面がある．このような間違いは混乱を招くような実害がなく，むしろ，わかりやすい表記法ともいえる．計量は日常生活に深くかかわっているので，単に科学技術や学問の立場だけでは割り切れない側面がある．その意味で，"°K"の誤法が多発することは，実社会での慣用表現を配慮すべきであることを実証する格好の具体例といえる．

　絶対温度目盛はイギリスの物理学者トムソン(W. Thomson)によるもので，彼は1892年にケルビン卿に任ぜられたため，"ケルビン目盛"というようになった．一方，"℃"は摂氏温度目盛とよばれ，スウェーデンの天文学者セルシウス(A. Celsius)が考えたものである．100分度表示なので，"centigrade"ともよばれていたが，これは廃止され，セルシウス度が正式用語とされている．

　また，1000倍の接頭語 k を間違えて大文字を使う人が多い．倍量なので大文字であると思いこんでいるのだろう．上記のように，大文字の"K"は倍量ではなく，絶対温度を表すケルビンである．

　コンピュータ関連分野では，キロバイト，"KB"という単位をよく用いる．"KB"は，正確には1024バイト(2の10乗バイト)の意味で，正式のキロとは違う．これなどは積極的に大文字を用いて正式の"k"と区別したのかもしれないが，かえって混乱を招き，間違いを起こすひとつの要因になっている．そのため，**国際電気標準会議(IEC)**では1998年に**2進接頭辞**を別に定め，既存の接頭語に"バイナリ(binary)"を付けて表すこととした．たとえば，1024はキロバイナリ(別名**キビ**(kibi))として記号は Ki である．すなわち，1024バイトを1キビバイトとして1 KiBで表し，1 kB(1000バイト)と区別している．また，以前は kgf(キログラム重)を"Kg"と表記したこともあり，これも混乱の一因といえよう．さらに，長さでもよく Km と間違える人が多い．もちろん正しくは km である．

次　元

　前項で述べたように，物理量は互いに物理法則によって関係づけられているので，すべて基本単位で組み立てることができる．具体的な例を挙げれば，速度 v は長さ l と時間 t の比であり，次式で表せる．

$$v = \frac{l}{t} \tag{1.1}$$

　ここで**次元**という概念で整理すると，計測量の単位の本質が見えてくる．量の次元とは"ある量体系に含まれるある一つの量を，その体系の基本量を表す因数のべき乗の積として示す表現"と定義される．つまり，"長さの次元"とか"時間の次元"のべき乗の積で，この定義に従えば，速度は長さの 1 次元と時間の -1 次元の積である．次元の式で表せば，次のようになる．

$$\dim v = L^1 T^{-1} \tag{1.2}$$

dim は次元(dimension)の意味である．L は長さ，M は質量，T は時間，I は電流，θ は温度，N は物質量，J は光度の次元を表す．

　一般式で表せば，次のようになる．

$$\dim A = L^\alpha M^\beta T^\gamma I^\delta \theta^\varepsilon N^\xi J^\eta \tag{1.3}$$

ここで A は組立単位の物理量であり，指数 α, β, γ, δ, ε, ξ, η は整数または分数である．物理量の中には，たとえば1/2乗の単位を含むものもある．指数がすべてゼロの場合，次元はゼロであり，**無次元**ともいう．

　また，組立単位は基本単位の乗除の組合せであって，加算または減算の組合せではない．次元の異なるものを加減算できないのは自明で，次元は物理法則によりべき乗の形で組み合わされる．したがって，実験式を立てるときにこの次元の考えを用いれば，その式が次元のレベルで正しいかどうかを確認することができる．たとえば，

$$A = B + C \times D \tag{1.4}$$

が成り立つためには，A，B および $C \times D$ の 3 項の次元がすべて同じでなければならない．もちろん，式が正しいことを証明するためにはそれだけでは十分ではないが，少なくとも必要条件であり，それが成り立たなければ式は正しくないと判定できる．この判定法は便利で簡単な方法なので，大いに利用してほしい．

　表 1.4 に代表的な計測物理量の次元をまとめた．

表 1.4　いろいろな量の次元

量	次 元			量	次 元						
	L	M	T		L	M	T	θ	I	N	J
面　積	2	0	0	熱伝導率	1	1	−3	−1	0	0	0
体　積	3	0	0	熱容量	2	1	−2	−1	0	0	0
周波数	0	0	−1	比　熱	2	0	−2	−1	0	0	0
振動数	0	0	−1	エントロピー	2	1	−2	−1	0	0	0
速　度	1	0	−1	照　度	−2	0	0	0	0	0	1
角速度	0	0	−1	ファラデー定数	0	0	1	0	1	−1	0
加速度	1	0	−2	電気量	0	0	1	0	1	0	0
密　度	−3	1	0	電界強度	1	1	−3	0	−1	0	0
力	1	1	−2	電　圧	2	1	−3	0	−1	0	0
圧　力	−1	1	−2	電気容量	−2	−1	4	0	2	0	0
エネルギー	2	1	−2	誘電率	−3	−1	4	0	2	0	0
パワー	2	1	−3	電気抵抗	2	1	−3	0	−2	0	0
運動量	1	1	−1	インダクタンス	2	1	−2	0	−2	0	0
角運動量	2	1	−1	電　力	2	1	−3	0	0	0	0
力のモーメント	2	1	−2	磁界強度	−1	0	0	0	1	0	0
慣性モーメント	2	1	0	起磁力	0	0	0	0	1	0	0
弾性係数	−1	1	−2	磁束密度	0	1	−2	0	−1	0	0
粘　度	−1	1	−1	透磁率	1	1	−2	0	−2	0	0
表面張力	0	1	−2								

(L：長さ，M：質量，T：時間，θ：温度，I：電流，N：物質量，J：光度）

Coffee Break　次元と単位

　"温度"と"熱"は混同されやすい概念である．前者は物質の状態を表す言葉で，後者はエネルギー量である．つまり，一見似たような概念なのであるが，まったくその意味は異なる．学校の先生でもはっきり区別できていない人がいると聞いたことがあるが，それほど紛らわしい言葉なのである．

　"次元"と"単位"の関係も同様である．前者は単位の物理的性質を分別する概念であり，後者は物理量の大きさを表すための比較基準量である．つまり，"温度"と"熱"の関係のように似たような概念でありながら，実は両者の意味はまったく異なる．

　具体的に考えてみよう．"メートル[m]"は長さの単位である．これに対応する次元は"長さの次元"であり，なんだ同じではないかとなりそうである．しかし，もう少し突っ込んで正確に表現するとそれは"長さの1次元(L^1)"といえる．そして，大事なことはまさに，その指数"1"なのである．通常，この"1"を省略してしまうため，紛らわしくなるのである．

　これが，面積になると少し区別しやすくなる．単位は"平方メートル[m^2]"であり，次元は"長さの2次元(L^2)"である．これで両者の差異が現れてきた．しかし，それでも，次元を"L^2"とし単位を"m^2"と表記すると，まだいささか紛らわしい．

そこで，固有の名称をもつ組立単位である周波数を取り上げてみよう．その単位は"ヘルツ [Hz]"であるが，次元は"時間の −1 次元 (T^{-1})"である．この例では，基本単位の表し方では"s^{-1}"となるのだが，単位記号"Hz"と対比すれば，次元"T^{-1}"との区別は明らかであろう．つまり，"Hz"という単位の次元は"T^{-1}"なのである．国際単位 (SI) における波数は単位メートル当たりであるが，光や電磁波の波数の単位は 1 cm に入る波数を使う場合がある．その次元は"L^{-1}"である．また，振動数という単位の次元は周波数と同じ"T^{-1}"である．このように具体的に考えれば，両者の関係がかなり明確に理解できるであろう．

1.4　標準とトレーサビリティ

計測の単位は重要な概念ではあるが，あくまで単なる約束事なのでそれだけではことは進まない．具体的には標準を決め，それを実際に示さなければならない．しかも，広く実用上不便のないように供給する必要がある．そのようなことを実現するための仕組みが**トレーサビリティ**である．

≫1.4.1　標　準

単位の大きさを実際に示すことを**現示**という．現示の方法は科学技術の進歩に伴い改善されてきた．現示のための器具や装置を**原器**または**標準**という．原器は，キログラム原器とかメートル原器などのように，物理的にも化学的にも安定な材料で製作したおもりやものさしのことを指す．標準は，特定の物質や自然現象に固有な性質を利用したもので，セシウム原子の放射電磁波の周期や光の速度などがその例である．

たとえば長さについては光速を用いて定義している．メートル原器では不確かさ (1.9 節参照) を 0.2×10^{-6} より小さくできないが，光の速度は高い精度で測定ができるようになっていて，その不確かさは $\pm 0.4 \times 10^{-8}$ である．現在は光速を定義して 1 メートルの長さを決めている．質量も 1.2 節で記述したように，周囲環境により影響をうけやすい原器から，正確な物理定数であるプランク定数による定義に変更され，精度がよくなった．

基本単位のうち，長さ，質量，時間，電気，温度については，各計測量の章，節で述べるが，光量，物質量についてはここで述べる．

光度 (明るさ) の単位カンデラ [cd] は，SI 基本単位で唯一の感覚量で，単位を実現する方法は，標準ろうそく，ペンタン灯 (ガス灯)，白金黒体炉と変わってきている．現在の標準は，液体 He 温度での極低温電力置換放射計が使われており，国際比較に

よるその不確かさは 10^{-3}(包含係数 $k = 2$)(1.9.5 項参照)で，ほかの基本単位からすると精度は高くない.

　物質量の単位モル[mol]は，標準物質を設定してその純度を精度よく測定し，標準として提供していたが，SI 単位系の改正によりアボガドロ数による定義に変更され，精度が向上した.

≫ 1.4.2　トレーサビリティ

　トレーサビリティ(traceability)は "不確かさがすべて表記された切れ目のない比較の連鎖によって，決められた基準に結びつけられうる測定結果，または標準の値の性質．基準は通常，国家標準または国際標準である." と定義されている．別のところで測定した測定値を比較するには，同じスケール(目盛)で行うことが必要で，スケールをより正確なスケール(標準)と比較するのが**校正**である．校正を順次実施し，ある誤差範囲で最終的に同じ基準，たとえば国家標準のスケールに到達できれば，使っているスケールは同等である．このとき，その測定は国家標準に "トレーサブルである" という．標準は実用上不便のないように広く供給され，しかもその精度が維持されていなければならない．測定標準の統一と普及については，上位から下位への標準伝達の道筋の整備(いわゆる標準の供給)が従来から図られてきた．最上位の基準を **1 次標準**(特定標準)と称し，国家標準として維持管理されている．日本では，図 1.1 に示すように国立研究開発法人**産業技術総合研究所計量標準総合センター**が担当している．この国家標準は国際的に各国国家間で比較し，統一がとられている．一方，国内においては国家標準につながった校正を組織的に行うために，計量法のもとで標準供給システムが作られている．それは，**計量法校正事業者認定制度**(**JCSS**：Japan calibration service system)とよばれている．**2 次標準**(特定 2 次標準)，**3 次標準**(実用標準)が用意され，認定事業者(公的機関および民間機関)により，企業や家庭で用いる計測器が正しい値を示すことを検査して確認する．一般に，標準は下位にいくほど手軽に使えるように配慮してあり，誤差の許容レベルがゆるく設定されている.

　トレーサビリティという言葉は，日本語に直訳すれば "追跡できること" または "さかのぼれること" であり，比較校正の経路を国家標準までさかのぼって追跡でき，その精度の維持状況も確認できることを意味している．具体的には，実際に校正を行った機関や用いた標準器(標準物質を含む)，校正精度などを文書記録として整備し，測定精度が常に所用の精度を満たすように自主管理を行っている.

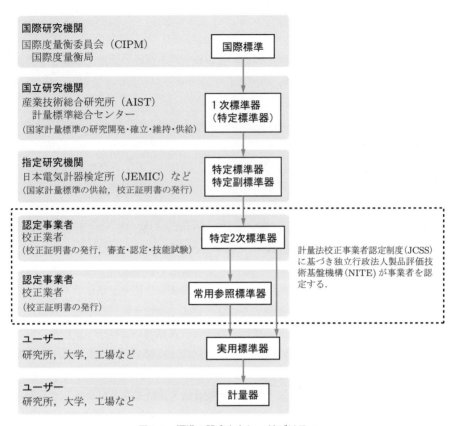

図 1.1 標準の設定とトレーサビリティ

Coffee Break 宇宙技術とトレーサビリティ

　筆者は，赤外センサを用いた地平線検出装置の開発に長年たずさわってきた．この装置は地球センサともいわれ，宇宙に浮かぶ人工衛星の姿勢制御に必要な地球に対する姿勢情報を計測するものである．地球を夜，昼に関係なく丸く見るために，可視光でなく，地球自体から放射している赤外線を検出するようにしている．

　人工衛星に搭載される機器は，衛星が正しく宇宙を運航できるようにするためのバス機器とその衛星の目的を達成するためのミッション機器に大別される．どちらも欠かすことのできない大切な機器ではあるが，バス機器は故障すると衛星そのものがだめになる恐れがあるので，信頼性，品質保証の点ではより厳しく管理される．地球センサはそのバス機器なので，品質管理についての要求は最も厳しいことになる．

　この管理手法は，旧ソ連の人工衛星スプートニク打上げに衝撃を受けたアメリカ航空宇宙局（NASA）で開発されたもので，材料の入手から加工，組立，検査，試験，出荷に至るまで，在庫管理，保管，輸送も含めて徹底したものである．

　　宇宙に打ち上げた衛星が故障した場合に，地上でできることは電波での指令(コマンド)，衛星からの電波信号(テレメトリ)の解読，記録された品質管理情報の確認程度なので，品質管理情報こそが頼りになる．

　　故障が発生した場合，地上での試験において同様の現象がなかったか，類似の現象はどうか，あるいは，故障の状況から，その装置のどこの系の何の部品が原因であるかなどといったことを究明するには，打ち上げまでに積み上げてきた品質管理情報が唯一の頼りであるといってよい．

　　品質管理情報が完璧であれば，故障情報から逆にその品質管理情報をたどることにより，故障現象につながる原因が発見できるはずである．ただ，その品質管理情報に抜け穴があると，そこでさかのぼる道が途絶えることになり，原因の追究ができなくなる．そのようなわけで，トレーサビリティの重要性に対する認識が高まってきた．さかのぼる道に抜け穴がないよう，徹底した管理と記録が要求されるわけである．

　　計測の標準に関するトレーサビリティは，宇宙における信頼性確保とは異なるが，追跡性(さかのぼれること)という点においては同じことである．

1.5　計測用語

　　ここでは，計測工学においてよく使われ，逐次修正・改変されている基本的用語をまとめた．たとえば，測定誤差については"不確かさ"の概念が世界的に普及してきた．

(1)　誤　差

　　誤差 ε とは**測定値** x と**真値** x_{T} の差であり，**系統誤差**(または**定誤差**)，**偶然誤差**(または**確率的誤差**)，およびミスによる誤差がある．系統誤差には，測定器の校正が不十分なために生じる**器差**や，測定条件が基準から外れたために生じる誤差などがある．偶然誤差はまったくでたらめに発生する誤差で，統計手法を用いて確率論的に取り扱うことになる．測定のミスは学問的に体系立てて論じることが難しいが，計測の技術論としては無視することができないので，なるべく間違いを誘発しないように計測方法を工夫することが大切である．

　　測定精度の評価は誤差の絶対量を用いるよりも，相対値である**誤差率**のほうが大切で，誤差率は真値との相対比率として次式で表すことができる．

$$誤差率 = \varepsilon \times \frac{100}{x_{\mathrm{T}}} \tag{1.5}$$

　　ここで，通常，真値が不明なので，実際には測定の代表値，たとえば平均値などを用いることになる．

この考え方は，"真の値"を前提としており，用語の使い方も分野によってまちまちであったため，測定誤差を評価するには問題があった．そこで，後述する"不確かさ"という概念により評価する方法が確立した．

(2) 補 正

系統誤差が把握できれば，その値を差し引いて補正でき，補正量 α は，

$$\alpha = -\varepsilon \tag{1.6}$$

である．ここの ε は系統誤差を示す．ただし，偶然誤差は補正できないので，誤差がゼロになることはない．

(3) 校 正

校正とは，測定器の器差を求めその補正をすることである．標準を用いて校正すれば，国家標準までのトレーサビリティにより，測定器の精度が確保され，保証されることになる．

(4) 精密さ

測定を繰り返して生じるばらつきの小ささを精密さという．つまり，測定の揃い具合を定性的に表した言葉で，図1.2では横軸に測定値をとり，縦軸は測定値の得られた頻度として，2種類の曲線が示されているが，曲線 a のデータのほうが曲線 b より幅が狭くばらつきが小さいので，精密であるといえる．

(5) 正確さ

かたよりの小ささを示す用語である．測定の平均値と真値の差 $x_m - x_T$ は系統誤差で，これが小さいほど正確といえる．図1.2で比較すれば，曲線 b の平均値の真値からのかたより Δx_b が，曲線 a の平均値のかたより Δx_a より小さいので，曲線 b のほうがより正確といえる．

(6) 精 度

精度は，測定結果の正確さと精密さを含めた，測定値の真の値との一致の度合をいう．このような定義は測定データの精度として決められたものだが，測定器の精度を評価するためにも使われている．

測定器の入出力特性を精度の観点から分析してみると，図1.3に示すようになる．測定器には自ずと測定可能な限定された範囲があり，その範囲内において誤差限界としてのプラス限界とマイナス限界があり，さらに最大偏差がある．これらをまとめた概念として精度が定義されている．

(7) 確 度

確度とは，測定が真値からこれ以上外れないという限界で，正確さを定量的に定義した用語である．

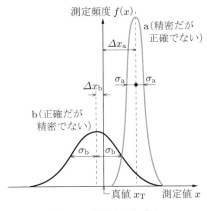

図1.2 精密さと正確さ

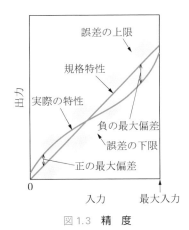

図1.3 精度

(8) 分解能

分解能は，測定値で読み取れる測定値差異の最小限値である．

(9) 最確値

最確値は真の値に最も近いと思われる値で，複数の測定値の発生確率が次式のような正規分布のときは，算術平均 x_m が最確値となる．

$$f(x) = \frac{1}{(2\pi)^{1/2}\sigma} \exp\left\{-\frac{(x - x_m)^2}{2\sigma^2}\right\} \tag{1.7}$$

ただし，σ は式(1.9)で定義される標準偏差，x_m は平均値，$f(x)$ は測定値が x 値となる確率である．

(10) 標準偏差

偏差は，複数の測定値の算術平均 x_m からのある一つの測定値のかたよりのことで，

$$d_i = x_i - x_m \tag{1.8}$$

と表せる．

それに対して標準偏差は，複数の測定値で形成される集団の偏差を表すもので，次式で定義されており，書き直せば式(1.10)となる．

$$\sigma = \left\{\frac{1}{n}\sum_{i=1}^{n}(x_i - x_m)^2\right\}^{1/2} \tag{1.9}$$

$$\sigma^2 = \frac{(x_1 - x_m)^2 + (x_2 - x_m)^2 + \cdots + (x_n - x_m)^2}{n} \tag{1.10}$$

標準偏差は，測定データを統計的に処理し評価する際に重要なので，よく理解しておく必要がある．なお，標準偏差の二乗 σ^2 は**分散**といわれている．

また，次式で表すことのできる**試料不偏分散** s_n^2 は，真値 x_T ではなく，平均値 x_m

を用いている．そのため，分母の値が $n-1$ となっている．つまり，試料数あるいはデータ数が一つ少ないことに対応している．

$$s_n{}^2 = \frac{(x_1 - x_\mathrm{m})^2 + (x_2 - x_\mathrm{m})^2 + \cdots + (x_n - x_\mathrm{m})^2}{n - 1} \tag{1.11}$$

s_n を**試料標準偏差**というが，平均値 x_m に対する標準偏差 s_m は，s_n の $1/\sqrt{n}$ となる．これは，n 回測定すると偶然誤差が $1/\sqrt{n}$ に低減することを意味している．

（11） ヒステリシス差

測定値の校正などで，入力信号をゼロレベルから 100% レベル（全レベル）まで上げて出力特性を評価する場合と，逆に高いレベルから低いレベルに下げて評価する場合とでは，特性が異なることがよくある．そのような特性差をヒステリシス差という．その様子を図 1.4 に示す．

（12） 再現性

同じ計測手順で特性を取得しても，必ず同じ特性が得られる保証はない．むしろ差異が生じるのが普通で，その際の繰返し特性の一致度を再現性という．これが予測される計測誤差の範囲内であれば，再現性がよいといえる．図 1.5 にその様子を示す．

（13） 最小二乗法

測定データをグラフにプロットしてその近似曲線を求めるとき，データのばらつきを考慮して，測定データの点と曲線との差異の二乗総和が最小になるようにする方法である．

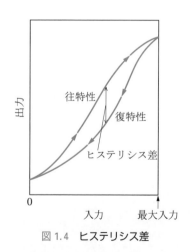

図 1.4 ヒステリシス差

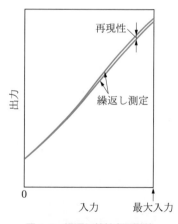

図 1.5 繰返し特性（再現性）

Coffee Break　二乗平均

　標準偏差 σ やばらつき s は，**残差 $x_i - x_m$** の二乗平均の形で表せるが，どうして単なる平均ではなく"二乗"なのかという素朴な疑問が出るかもしれない．これは，互いに無関係にでたらめに発生する現象，たとえば，偶然誤差が複数重なったときどう積み上げられるかを考えれば納得がいく．

　具体的に述べると，雑音信号が電圧の形で得られている場合，複数の雑音信号をそのまま電圧レベルで足し合わせると正と負の電圧が相殺しあって積み上げにならず，明らかに不適切である．そこで絶対値をとって積み上げることも考えられるが，物理的な意味から考えると，雑音はエネルギーの次元，つまり電圧の二乗で積み上げていくべきであり，そうすれば負のエネルギーは考えなくてよいので，相殺の問題も解消することになる．したがって，いったん電力のレベルにしてから足し合わせるべきであることが理解できる．

　それは見方を変えると，まさに二乗和を求めていることに相当し，その二乗和を再び電圧レベルに戻すために，その平方根を求めることにもなる．これを，通常 **RSS**（root sum square）と略称する．

　以上と同様な考えで，標準偏差 σ やばらつき s は，残差 $x_i - x_m$ の二乗平均（**RMS**：root mean square）の形で表されていると考えてもよく，これらのことは最小二乗法に呼応している．すなわち，最小二乗法は，真値を測定値との差の二乗和が最小になるような値で代用する手法であり，その手法により最も真値となる確率が高い値が得られるわけである．

1.6　確率分布関数

　複数の測定量がどのようなばらつきをもっているかを論じる場合に，データの分布が問題になる．いくつかの代表的な分布について解説するとともに，計測でよく用いられる確率密度関数について述べる．なお，計測論から少し離れるが，故障が時間とともにどのような確率で発生するかを表す分布についても簡単に取り上げる．

》1.6.1　確率密度関数

　ある測定値 x が定数 x_1 と x_2 の間に入る確率を $P(x_1 \leqq x \leqq x_2)$ とするとき，

$$P(x_1 \leqq x \leqq x_2) = \int_{x_1}^{x_2} f(x)\,dx \tag{1.12}$$

で表される．この $f(x)$ を確率密度関数という．

≫1.6.2 累積確率密度関数

累積確率密度関数は P のように一定区間内の確率ではなく，$x = -\infty$ からの累積確率の関数である．そこで，次のように定義されている．すなわち，

$$\frac{dF}{dx} = f(x) \tag{1.13}$$

なる関数 $F(x)$ が存在する場合，それを累積確率密度関数という．ただし，$F(-\infty) = 0$，$F(+\infty) = 1$ である．

≫1.6.3 代表的な分布

(1) 正規分布

すでに計測用語のところで述べたが，正規分布は統計的解析をする場合に最もよく使われ，基本となる分布関数である．

$$f(x) = \frac{1}{(2\pi)^{1/2}\sigma} \exp\left\{-\frac{(x-x_\mathrm{m})^2}{2\sigma^2}\right\} \tag{1.14}$$

$$\sigma = \left\{\frac{1}{n}\sum_{i=1}^{n}(x_i - x_\mathrm{m})^2\right\}^{1/2} \tag{1.15}$$

ただし，σ は標準偏差，x_m は平均値である．

正規分布は図 1.6 に示すような形で，その曲線の下の面積は 1 になるよう規格化されている．発生の確率 $f(x)$ は平均値 x_m から σ だけ離れるとピーク値の 60.6%，2σ で 13.5%，3σ で 1.1%に減少する．

また，測定値が平均値±σ に入る確率は 68.27%，2σ では 95.4%，3σ では 99.73%となる．確率が 50%になる偏差を確率誤差 ε_p といい，次の値になる．

$$\varepsilon_\mathrm{p} = 0.6745\sigma \fallingdotseq \frac{2\sigma}{3} \tag{1.16}$$

(2) 一様分布

一様分布は，図 1.7 に示すようにある範囲で一定の確率をもつ分布で，全面積が 1 になるように規格化してある．式で表すと次のようになる．

$$\left.\begin{array}{ll} f(x) = \dfrac{1}{x_2 - x_1} & (x_1 \le x \le x_2) \\ f(x) = 0 & (x < x_1 \text{ または } x_2 < x) \end{array}\right\} \tag{1.17}$$

(3) 指数分布

指数分布は，図 1.8 に示すとおり指数関数的に確率が減衰するような分布で，やはり全面積が 1 になるように規格化してある．式にすると次のようになる．

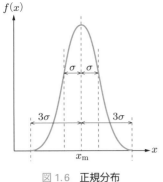

図 1.6 正規分布

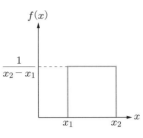

図 1.7 一様分布

$$\left.\begin{array}{ll} f(x) = \lambda \exp(-\lambda x) & (x \geqq 0) \\ f(x) = 0 & (x < 0) \end{array}\right\} \tag{1.18}$$

(4) ワイブル分布

　ワイブル分布は寿命の分布を表すもので，寿命を示す時間軸を横軸にとり，縦軸を寿命の尽きる頻度，あるいは故障する頻度としている．

$$f(t) = \frac{m(t-\gamma)^{m-1}}{t_0} \exp\left\{\frac{-m(t-\gamma)}{t_0}\right\} \tag{1.19}$$

ただし，$t < \gamma$ の場合は，$f(t) = 0$ とする．

　ここで，$m = 1$，$t_0 = 1/\lambda$，$\gamma = 0$ とすれば，式(1.18)と同じとなる．

　図 1.9 は，$m > 1$ の例で，実線は $\gamma = 0$，点線の曲線は $\gamma > 0$ の場合である．同図に示すように，ある寿命のところに山がある．実線の例では寿命がゼロのものはないが，ほとんど寿命ゼロに近いものがあることを示しており，点線の例はある時間（寿命）まではすべてのものが耐え，そこから寿命の尽きるものが発生することを示している．

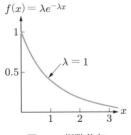

図 1.8 指数分布

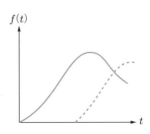

図 1.9 ワイブル分布

Coffee Break 正規分布 ▪▪▪▪▪▪▪▪▪▪▪▪▪▪▪▪▪▪▪▪▪▪▪▪▪▪▪▪▪▪▪▪▪▪▪▪

　さまざまな分布のうち，計測で一番使われるのが正規分布である．図1.6に示した正規分布の形を見ればわかるように，平均値を中心にして左右対称である．この分布の特徴は次のとおりである．

　① 小さい誤差は大きい誤差より頻繁に起きる
　② 同じ大きさの正の誤差と負の誤差は同じ割合で起きる
　③ 非常に大きい誤差は発生しない

　これが偶然誤差の特徴で，実際に測定して，横軸を測定値，縦軸を観測度数としてヒストグラムを作成してみると，測定回数が少ないとデータはばらばらで凸凹になるが，測定回数を増やすにつれて，徐々に滑らかなヒストグラムに近づくことが実感できる．多くの測定では，無限回の測定（実際にはできないが）を行った結果の極限分布が釣り鐘型曲線の正規分布であることがわかっているので，測定結果を処理するのに正規分布（別名ガウス分布）を使うことができる．このため，データのばらつきを標準偏差 σ や確率誤差で表わすことができる．また，データは 3σ までにほとんど入ってしまう．このことは，3σ から外れている誤差は何らかのミスか，特別な現象を含んでいることを示唆している．したがって，異常なデータに注意して吟味すると，新たな発見につながることもある．

　正規分布を利用した例として**偏差値**がある．偏差値というと教育における弊害の代表のようにみなされているが，それ自体はデータの分布を表すもので罪はない．偏差値は平均値を50とし，標準偏差 σ を用いて算出した値である．

▪▪▪

 1.7　有効数字

　測定値として意味のある数字を有効数字という．昨今の測定器はディジタル表示で桁数の大きなデータが得られるものが多いが，測定精度を考慮しておかないと無意味な数字を書き連ねることになる．しかも，より問題なのは，無意味な数値を意味のあるものと誤解される恐れがあることで，有効数字をしっかり確認し，適切に処置すべきである．

≫1.7.1　有効数字と誤差

　まず注意しておかなければならないのは誤差との関係で，通常は予測される誤差と同等か1桁下まで表示する．

　無効数字の切捨て方は通常四捨五入法によるが，その意味するところは5以上（5を含む）は切り上げ，5未満（5を含まない）は切り捨てるということで，"5"の内容

をよく吟味する必要がある．つまり，以前の数値処理で切り上げられた結果 5 となったような場合，本来 5 未満の数値なので，これは切り捨てるべきである．状況が不明の場合，通常は切り上げるが，次のような考えで決めるのも一法である．

① ひとつ上位の数値が奇数の場合：切り上げる

② ひとつ上位の数値が偶数の場合：切り捨てる

つまり，有効数字の末尾が常に偶数になるように数値処理するわけである．

具体的に，有効数字 1.23 のとりうる範囲を考えてみよう．処理の仕方は 3 通りあり，有効数字のとりうる値を x で表すと次のようになる．

(a) 四捨五入により処理された場合：$1.225 \leqq x < 1.235$

(b) 切上げ処理の場合：$1.22 < x \leqq 1.23$

(c) 切捨て処理の場合：$1.23 \leqq x < 1.24$

≫1.7.2　計算における取扱い

加減乗除において，誤差がどのように伝ぱんするかを理解すれば，**有効桁数**のとり方は自ずとわかる．計算における有効桁数のとり方は次のとおりである．

① 加減算では誤差はそのまま伝わり，相対的な誤差率の概念は適用できない．つまり，有効桁数は誤差率に対応した概念なので，その考えは適用できず，誤差そのもので処理をしなければならない．

② 乗除算では個々の有効桁数が N であれば，計算結果も N である．ただし，計算途中の数値は少なくとも 1 桁多くとっておいたほうがよい．そうしないと，計算による端数の丸めで生じる食い違いが無視できなくなる．有効数字が異なる場合は少ない桁数のほうで決まる．これは，精度が誤差率の大きいデータに左右されることを意味している．

①の加減算では誤差率が同じ 1% でも，1 m と 10 m の測定値の和をとれば後者の誤差が 1 桁大きいので，後者の誤差で決まることになる．要は誤差量そのものが結果に反映される．

②の乗除算では誤差率の伝ぱん論が適用できる．この場合，データ取得の精度がアンバランスにならないような計測を心がけなければならない．たとえば，長方形の面積を測定するような場合，縦と横の長さの誤差率が同じ程度になるように測定するのが望ましく，精度確保の観点で効率がよい．

≫1.7.3　誤差の伝ぱん

測定項目が複数あり，それらを独立変数 $(x, y, ...)$ とする関数 z が総合の計測量として得られる場合，それぞれの測定値の誤差 Δx, Δy, ... を用いて z の誤差 Δz が計

算できる. すなわち,

$$z = F(x, y, \ldots) \tag{1.20}$$

のとき, 次式が得られる.

$$\Delta z = \frac{\delta F}{\delta x} \Delta x + \frac{\delta F}{\delta y} \Delta y + \cdots \tag{1.21}$$

標準偏差や偶然誤差についても, 次のような式を導出できる.

$$\sigma_z^2 = \left(\frac{\delta F}{\delta x}\right)^2 \sigma_x^2 + \left(\frac{\delta F}{\delta y}\right)^2 \sigma_y^2 + \cdots \tag{1.22}$$

$$\varepsilon_{zp}^2 = \left(\frac{\delta F}{\delta x}\right)^2 \varepsilon_{xp}^2 + \left(\frac{\delta F}{\delta y}\right)^2 \varepsilon_{yp}^2 + \cdots \tag{1.23}$$

ここで ε_p は偶然誤差で, 得られた測定値の誤差が正規分布になっていることを前提としている. また, $x, y, \ldots$ の誤差は相互に関連性がないことを前提としている. この前提は通常は成立すると考えてよいが, 特殊な状況においてはその限りではないので, 注意しなければならない.

　次に, 具体例を示そう.

例 1

$$z = ax + by \tag{1.24}$$

のとき, 式(1.21)より次式が得られ,

$$\Delta z = a\Delta x + b\Delta y \tag{1.25}$$

式(1.23)より次式が得られる.

$$\varepsilon_{zp}^2 = a^2\varepsilon_{xp}^2 + b^2\varepsilon_{yp}^2 \tag{1.26}$$

　これで明らかなように加減算の場合, 誤差率ではなく, **総合誤差**がそれぞれの測定値の誤差量で決まることがわかる.

例 2

$$z = x^p y^q \tag{1.27}$$

のとき, 式(1.21)より次式が得られ,

$$\frac{\Delta z}{z} = p\frac{\Delta x}{x} + q\frac{\Delta y}{y} \tag{1.28}$$

式(1.23)より次式が得られる.

$$\left(\frac{\varepsilon_{zp}}{z}\right)^2 = \left(p \times \frac{\varepsilon_{xp}}{x}\right)^2 + \left(q \times \frac{\varepsilon_{yp}}{y}\right)^2 \tag{1.29}$$

　この式から乗除算の場合, 誤差量ではなく, **総合誤差率**がそれぞれの測定値の誤差率で決まることがわかる.

　例 2 の式の導出経緯を少し詳しく記述する.

式(1.21)に $z = F = x^p y^q$ を代入すると，次式となり，

$$\Delta z = p x^{p-1} y^q \Delta x + q x^p y^{q-1} \Delta y \tag{1.30}$$

$$\Delta z = \frac{pz\Delta x}{x} + \frac{qz\Delta y}{y} \tag{1.31}$$

両辺を z で割って，次式が得られることになる．

$$\frac{\Delta z}{z} = \frac{p\Delta x}{x} + \frac{q\Delta y}{y} \tag{1.32}$$

同様に，σ，ε についても，式(1.22)，(1.23)から算出できる．

例題 1.1 円盤の直径 D，厚さ d と質量 M を測定したら，$D = 100 \pm 0.6\,\mathrm{mm}$，$d = 2.5 \pm 0.01\,\mathrm{mm}$，$M = 30.0 \pm 0.09\,\mathrm{g}$ であった．密度 ρ の誤差を％で求めよ．
解　式(1.29)を利用する．

$$\rho = \frac{4M}{\pi D^2 d}$$

$$\frac{\Delta D}{D} = \frac{0.6}{100} = 0.6\%$$

$$\frac{\Delta d}{d} = \frac{0.01}{2.5} = 0.4\%$$

$$\frac{\Delta M}{M} = \frac{0.09}{30.0} = 0.3\%$$

$$\frac{\Delta \rho}{\rho} = \sqrt{\left(\frac{\Delta M}{M}\right)^2 + \left(-2 \times \frac{\Delta D}{D}\right)^2 + \left(-\frac{\Delta d}{d}\right)^2} = \sqrt{0.3^2 + 1.2^2 + 0.4^2} = 1.3\%$$

Coffee Break　異なる種類の測定量の相関性についての考察

　誤差の伝ぱんについては，独立変数である測定値 x，y が互いに相関性をもたないことを前提としている．もし相関性があると，式(1.22)と式(1.23)は成り立たなくなる．というのは両式とも2次式なので，x と y の誤差成分（厳密には**残差**であり，それぞれ n 個ずつある）に加えて，Δx と Δy の積の n 個の和が残り，これが無視できなくなるからである．言い換えれば，両式はその**積和**が無視できるという前提で成り立っている．一般には偶然誤差を想定しているので，x と y が相関性をもたない限り Δx と Δy はランダムに正，負の値をとることが期待できるので，両者の積の和はほとんどキャンセルしあい，無視しうることになる．

　もし両者に相関性があると，両者の積の和の絶対値は大きな値になる場合があり，もはや無視できないことになる．そして標準偏差や偶然誤差は，式(1.22)や式(1.23)で得られる値とは大幅に異なる結果になり，両式は使えないことになる．また，標準偏差や偶然誤差という概念がそのようなデータには適用できないことにもなる．

近似式

計測には誤差がつきものである．計測の精度を論じるということは，誤差を論じることにほかならない．本来，誤差は測定量に比較して小さいものである．計測の内容にもよるが，通常は2桁から3桁小さい．精度の悪い場合でも1/10程度には抑えられているだろうし，精度の高い場合は時間の計測の例のように10桁程度の精度になる．そこで，このように小さな値である誤差を数式上で取り扱う際には，近似式を活用することができる．

また，計測の手法として**偏位法**がある．これは，ある定点からの偏位を計測して精度を上げることをねらいとしており，定点の数値に対して偏位量が十分小さい場合が多いので，近似式がしばしば使われることになる．

このように，計測における近似式の役割は，ほかの分野に比べて非常に大きいといえよう．以下に代表的な近似式を列記する．

x, $y \ll 1$ とすれば，以下の近似式が使える．

① $(1 \pm x)^n \fallingdotseq 1 \pm nx$ （ただし $nx \ll 1$）

② $(1 + x)(1 + y) \fallingdotseq 1 + x + y$

③ $\dfrac{1 + x}{1 + y} \fallingdotseq 1 + x - y$

④ $e^x \fallingdotseq 1 + x$ または $\ln(1 + x) \fallingdotseq x$

⑤ $\sin x \fallingdotseq x$ または $\tan x \fallingdotseq x$

ただし，x はラジアン単位．以下の式も同様である．

⑥ $\sin(A + x) \fallingdotseq \sin A + x \cos A$

ただし，A は任意の数値（ラジアン単位）．以下の式も同様である．

⑦ $\cos(A + x) \fallingdotseq \cos A - x \sin A - \dfrac{x^2 \cos A}{2}$

（右辺第3項は省略してもよい場合がある）

⑧ $\cos x \fallingdotseq 1 - \dfrac{x^2}{2}$ （⑦で，$A = 0$ とした場合に相当する）

⑨ $\tan(A + x) \fallingdotseq \tan A + x \sec^2 A$

例題 1.2 次の近似値計算を実施し，答えを有効数字で示せ．

(1) $1.98^2/4.16$

(2) $\sin 1.8°$

解　(1)　$(1 \pm x)^n \fallingdotseq 1 \pm nx$　（ただし $nx \ll 1$）

$$\frac{1+x}{1+y} \fallingdotseq 1 + x - y$$

を用いる．$1.98 = 2 - 0.02 = 2(1 - 0.01)$ となり，$nx = 2 \times 0.01 = 0.02 \ll 1$ である．
4.16 も同様．したがって，

$$\frac{1.98^2}{4.16} = \frac{(2 - 0.02)^2}{4 + 0.16} = \frac{4(1 - 0.01)^2}{4(1 + 0.04)} \fallingdotseq 1 - 0.02 - 0.04 = 1 - 0.06 = 0.94$$

有効数字は 2 桁であるから，0.94 となる．

(2)　$\sin x \fallingdotseq x$．ただし，x は度表示ではなく，ラジアン表示であるから，$1.8°$ は，$\pi/180$ を掛けてラジアンに変換する必要がある．したがって，

$$\sin 1.8° = \sin\left(\frac{1.8 \times \pi}{180}\right) \fallingdotseq \frac{\pi}{100} \fallingdotseq 0.031 = 3.1 \times 10^{-2}$$

有効数字は 2 桁であるから，0.031 または 3.1×10^{-2} となる．

1.9　測定値の信頼度 — 不確かさの概念とその評価

　測定値には必ず誤差が含まれる．従来は，その誤差を測定値と真値の差であるとし，図 1.2 に示したように母平均が真値からどれだけ離れているかを "かたより（系統誤差）" として，また測定値の母平均からの差を "ばらつき（偶然誤差）" として評価してきた．そして，これらを合成して総合誤差として扱った．

　しかし，真値を厳密に求めることは容易でなくほとんどの場合不明であり，用語の使い方も分野によってまちまちであったため，誤差の概念の合理性を維持することが難しく，実際の数値の扱い方も統一できなかった．そこで，国際度量衡委員会（**CIPM**：comité international des poids et mesures）は測定結果の信頼性評価方法の統一を目指して調査をし，1993 年に**国際標準化機構**（ISO：international organization for standardization）から七つの国際機関の合同編集による**不確かさ表現のガイド**（**GUM**：guide to uncertainty in measurement）が発刊された．

　ここでは，この**不確かさ**について述べる．

≫1.9.1　不確かさの考え方

　"不確かさ" は，実際に得られた測定値を出発点として，この生の測定値の分布から見たばらつきで議論しようとする点に特徴がある．そして考えうる個々の不確かさの成分すべてを**標準不確かさ**という値に置き直し，それらのすべてを合成して，総合的な**拡張不確かさ**として示すことにした．従来は，誤差の合成方法に代数和方式と標

準偏差(標準不確かさと同等)の考えに基づく二乗和の平方根方式の両方が採用されていたが，新しい不確かさの考え方では後者のみを採用している．個々の不確かさの要因によるばらつきがすべて同時に最大値を示すようなことがあれば代数和で合成しなければならないが，そのような確率は小さく無視できると判断している．

GUM の基本的考え方は以下のとおりである．

① 不確かさを信頼性の指標として用いる．

② 不確かさ成分の評価を統計的な方法とそれ以外の方法に分ける．

③ 不確かさ成分を標準偏差で表し，その合成は二乗和の合成則(不確かさの伝ぱん則)に限定する．

④ 包含係数 k を用いて大部分の測定値が含まれるような区間を表す "拡張不確かさ" を求める．

≫1.9.2　不確かさの定義

不確かさは，"測定結果に付記される，合理的に測定量に結びつけられうる値のばらつきを特徴づけるパラメータ" として定義される．簡単にいえば，"測定のばらつきを表すパラメータ" ということである．それを標準偏差で表し，"標準不確かさ" とよび，不確かさの定量化の基礎としている．

≫1.9.3　標準不確かさの評価

GUM では，標準不確かさの評価方法を次の2種類に分類している．

A タイプ：一連の測定値の統計的解析による不確かさの評価の方法

B タイプ：一連の測定値の統計的解析以外による不確かさの評価の方法

この分類はその不確かさをどのような方法で求めたのかを示している．

A タイプは，実験などによりばらつきを示すデータを測定し，**実験標準偏差**，いわゆる σ を求める方法で，繰り返し測定する場合，標準不確かさは次のように表される．

$$u = \left\{ \frac{1}{n-1} \sum_{i=1}^{n} (x_i - x_{\mathrm{m}})^2 \right\}^{1/2} \tag{1.33}$$

ここで，x_i：測定データ，　x_{m}：平均値，　n：測定回数．

この実験標準偏差は，1回だけの測定で x_i を得るときの標準不確かさを表す．なお，p 回測定したデータの平均値を測定値とし，それを n 回繰り返した場合は，式(1.33) をさらに $\sqrt{p}$ で割り算した値が標準不確かさとなる．

Bタイプは以下のようなケースが考えられる.

① 校正証明書や成績書に記載されている不確かさデータ

② 理科年表やハンドブックなどに記載されたデータ

③ 機器のカタログや仕様書記載の精度

④ 機器の挙動や特性についての経験的判断または科学的知識

》》**1.9.4　合成標準不確かさ**

不確かさは, 有意なすべての成分を包括したものでなければならない. 各成分の標準不確かさを合計した総合的な不確かさを求めるには, i 番目の成分の標準不確かさを u_i として, Aタイプ, Bタイプを区別しないで以下のように合成する.

$$u_c = \sqrt{u_1{}^2 + u_2{}^2 + \cdots + u_i{}^2} \tag{1.34}$$

このように総合された値を**合成標準不確かさ**といい, u_c で表す. ここで, ばらつきの成分を表す変数 x_1 と x_2 に相関がある場合は, 相関の程度に応じて調整する方法を個別に適用する. また, Bタイプ成分の u_i は, おのおのの分布が正規分布と異なる場合が多いが, 得られた分布や限界値から標準不確かさを推定する必要がある. 分布を仮定して限界値から標準偏差を推定する場合, たとえば, 平均値を中心にして $-\alpha$ から $+\alpha$ の範囲で一様な矩形分布(一様分布)であれば, その標準偏差(標準不確かさ)は $\alpha/\sqrt{3}$ と計算できる. 合成標準不確かさは, すべての不確かさ成分のばらつきについて補正を行った後の系統誤差が除かれた値なので, 偶然誤差として統計的手法を適用することができる.

》》**1.9.5　拡張不確かさ**

拡張不確かさ U は, 合成標準不確かさ u_c に係数 k を掛けて表記する方法で, k は**包含係数**(coverage factor)であり, 通常 2〜3 の値を用いる.

$$U = ku_c \tag{1.35}$$

これは従来の標準偏差 σ の 2σ, 3σ を使って表記する方法と同じである.

拡張不確かさの定義は "測定の結果について, 合理的に測定量に結びつけられうる値の分布の大部分を含むと期待される区間を定める量" である. 言い換えれば, 拡張不確かさ U とは, $\pm U$ の範囲内に測定値が含まれる確率(信頼の水準)が実質的に十分高くなるように不確かさの範囲(U 値)を設定することにほかならない.

拡張不確かさの大きさは, ばらつきが正規分布になっていると想定した場合に, k = 2 であれば $\pm U$ の範囲内に 95.4%, k = 3 ならば 99.7% の確率で存在することを表している.

図 1.10 に不確かさ評価の概念を示す.

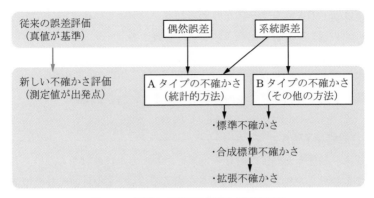

図 1.10　**不確かさ評価の概念と処理の流れ**

Coffee Break　**不確かさと不確定性原理** ∷∷∷∷∷∷∷∷∷∷∷∷∷∷∷∷∷∷∷

　"不確かさ"と似た言葉に"不確定性原理"という言葉がある．英語では前者は"uncertainty"，後者は"uncertainty principle"であり，違いがないように見える．後者は量子力学に出てくるハイゼンベルグの不確定性原理で，微視的な物理系の解析から，すべての力学変数の測定精度には基本的限界があるとするものである．ドイツの物理学者であるハイゼンベルグ（W. K. Heisenberg）がこの限界を確定した．このような限界が存在することを不確定性原理といい，また，個々のケースでこの原理を定量的に表現したものを不確定性関係という．とくに，非交換関係にある粒子の位置 q と運動量 p の1組の変数 (q,p) に関する不確定性関係は次のようになる．

$$\Delta q \Delta p \geqq \frac{h}{4\pi}$$

ここで，Δq は位置の不確定さであり，Δp は運動量の不確定さである．また，h はプランク定数で，$6.626\,070\,15 \times 10^{-34}$ J·s である．したがって，二つの変数 q と p はその"不確定さ"の積が $h/4\pi$ より小さくはならず，これ以上正確にはわからない．つまり，両方同時に精度よく測定できないということになる．

　古典物理学では，系のすべての力学量はいくらでも精密に測定できると仮定している．これは現実にできるということではなく，原理的に精度に限界がないということである．一方，量子力学の世界では測定精度に限界があるという．つまり，古典物理学では測定精度を上げることでいくらでも不確かさを小さくできると考えているのに対し，量子力学ではどんなに努力しても決して避けることのできない確率的拡がり（不確定さ）があると考えている．しかし，現実にはプランク定数が小さいので Δq や Δp も小さく，q や p のほかの原因による不確かさのほうが桁違いに大きく，不等式での不確定さは無視できる．したがって，巨視的な古典物理における経験的な知識との矛盾はないと考えてよい．

　日本の小澤正直教授は，位置の測定誤差と運動量の擾乱に加え，両者の量子ゆらぎを考慮した「小澤の不等式」を 2003 年に発表した．ここでは詳細には触れないが，2012

年の記者会見でこの不確定性原理が世の中に知られると，量子ゆらぎの不確定さはある
ものの誤差に限界があるという解釈を崩す結果であることから，"ハイゼンベルグの不
確定性原理が破れた！"とセンセーショナルな話題となった．

　世の中の進歩は速く，計測の対象は，より微小で精密な測定領域に入り，原子レベル
の測定も行われるようになってきているが，現在通常得られている"不確かさ"はもっ
と大きく，まだ古典物理の理論で処理可能である．今後，重力波測定などでの量子雑音
が問題となるような量子計測に対しては，この小澤の不等式が適用されると思われる．

演習問題

1.1　単位と倍量，分量の記号で同じ記号が用いられているものを3組挙げ，それらの名称
を各組について二つずつ記せ．ただし，たとえばキロ k と絶対温度ケルビン K のように
大文字と小文字の組合せは除外する．

1.2　次の式は，放射エネルギーが有効径 D，焦点距離 f のレンズを介して，面積 A の検出
素子に入るときの入射パワーの計算式である．なお，放射源の面積は検出系の視野より
大きいものとしている．

$$I = \frac{\pi I_0 D^2 A}{4f^2}$$

ここで，I_0 は放射源の単位面積当たりの放射パワー $[\mathrm{W/m^2}]$ である．この式が次元のレ
ベルで正しいことを証明せよ．なお，パワーの次元は W のままにせず，L, M, T に分
解すること．

1.3　正規分布関数 $f(x)$ は，x が平均値 x_m から 3σ 離れるとそのピーク値の約 1.1% になる
という．これを式で説明せよ．なお，$\exp(-4.5) \doteqdot 0.011$ である．

1.4　球の直径と質量を測定したら，$D = 0.50\,\mathrm{cm}$（小数点下3桁で四捨五入），$M = 0.50$
$\pm\, 0.02\,\mathrm{g}$ であった．$\rho = 6M/\pi D^3$ より ρ の誤差を % で求めよ．

1.5　計測の重要性を示す文言を述べよ．

1.6　測定値 $M = 1.00$（小数点下3桁で四捨五入）の真値 M_T のとりうる範囲を示せ．

1.7　光の速度を $3 \times 10^8\,\mathrm{m/s}$ とする．1 fs の時間内に光の進む距離を µm 単位で求めよ．

第2章　長さ，角度，形状の測定

　長さは時間や質量と並んで，最も基本的な計測量である．相対性理論によると，宇宙は長さの3次元に時間の次元を加えた4次元の世界である．両者は互いに独立なものでなく，渾然一体としていて地上でもその理論が適用できる．しかし，光速を意識することのほとんどない日常現象ではその効果はわずかで，測定にかかる量ではない．つまり，長さと時間は互いに独立な別個のものとして取り扱えることになり，計測精度の観点で相対性理論を考える必要はない．

　そこで，まずこの章では基本単位の"長さ"について取り上げ，さらに組立単位である"角度"，"面積"，"体積"を含めて，"形状"の計測について述べる．なお，"長さ"の計測には，"厚さ"，"距離"などの計測が含まれる．

 ## 2.1　長さの測定

　長さの標準は，地球の子午線の長さに基づいたメートル原器が当初使用されていたが，その後クリプトン86原子のスペクトル線の波長（黄赤色のランプ光）を経て，1983年の第17回国際度量衡総会で，真空中の光の速さを用いた定義に変更された．この定義に従って長さの標準を現示するために，担当機関である産業技術総合研究所では，国家標準（1次標準）としてヨウ素安定化ヘリウムネオンレーザ（不確かさ 10^{-12}（包括係数 $k = 2$））を用いていた．しかし，2009年に光周波数コム（超短光パルスレーザーから出力される，広帯域かつ櫛状のスペクトルをもつ光のこと）を採用した**光周波数コム装置**が，日本の"長さ"の計測器の頂点に位置する国家標準（特定標準器）として指定された．

　その結果，長さの国家標準として発生する"波長（真空中）"が従来に比べて300倍高精度化された．光周波数コム装置では，従来の波長（633 nm）に加えて，これまで難しかった光通信帯の波長（1.5 μm）などの波長にも適用が可能となり，高速光通信技術などの産業界への波及効果も期待されている．ただし，世界中で採用されているわけではなく，まだ多くの国でヨウ素安定化ヘリウムネオンレーザが用いられてい

る．日本では，これを基に2次標準として同じヨウ素安定化レーザをはじめとした各種のレーザが利用され，さらにその下の実用標準として，端度器，幾何形状標準（標準尺，標準ブロックゲージなど）が使われている．

　なお，使われなくなったメートル原器と関連原器の一部は，現在，重要文化財として指定されている．

≫2.1.1　ブロックゲージと標準ゲージ

　ブロックゲージは，その名のとおりいろいろな厚さの金属片を積み木のように重ね，任意の厚さに組み上げて基準寸法を維持，供給するもので，精度を確保するために次のような配慮がなされている．

　　①　両端面は平行で平面度がよく，表面は平滑で，必要に応じて鏡面であること
　　②　磨耗に耐える硬さがあり，耐食性がよいこと
　　③　経年変化が少ないこと
　　④　熱膨張率が測定対象物のそれに近いこと

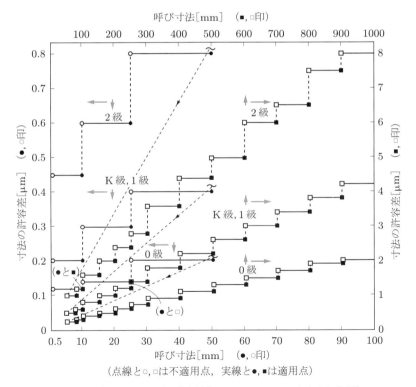

図 2.1　ブロックゲージの許容差（JIS B 7506-2004 をもとに作図）

　ブロックゲージは，K級，0級，1級，2級の4種類あり，JISにより許容差（基準値と許容される範囲の最大値および最小値との差）がそれぞれ決められている（図2.1）.

　K級は，寸法許容差は1級と同じだが，一つのブロックゲージでの最大寸法と最小寸法の差である寸法許容差幅が0級より小さく規定されている．これは，光波干渉計により校正され，主に0〜2級のブロックゲージの校正に用いる．寸法許容差は0級より大きいので，常に寸法検査表などに示した値で補正して使用する.

　用途は表2.1に示すとおりで，その等級を使い分けるようにしている.

　ブロックゲージは**端度器**ともよばれ，その両端面を利用して長さの標準を維持，供給するものであるが，標準ゲージもその一種である．プラグゲージ（差込み型），棒ゲージ，円板ゲージ，リングゲージ，円筒ころ，鋼球なども端度器で，それぞれ，いろいろな寸法を揃えてセットになっており，寸法精度はブロックゲージの0〜2級相当である.

表2.1　ブロックゲージの用途と適用等級

用　途		適用等級
参照用	標準用ブロックゲージの精度点検	Kまたは0
標準用	工作および検査用ブロックゲージの精度点検，測定器類の校正	0または1
検査用	ゲージの精度点検，測定器類の校正	0または1
	機械部品工具などの検査	1または2
工作用	ゲージの製作，測定器類の校正	1または2
	工具刃物の取付け	2

≫2.1.2　標準尺

　標準尺はいわゆるものさしとしての標準で，目盛線間の寸法で規定の長さを表すので，**線度器**ともいう．標準尺の許容誤差は図2.2に示すように，二つの目盛線の距離に応じた誤差の許容値が決められている．なお，同図には金属製直尺の許容誤差も示しておいた.

　0級の精密用標準尺は1mで，2μm以内の許容誤差なので，約6桁の精度を要求されている．この精度を実現するには，温度の影響はもちろん，たわみなどの影響も考慮する必要があるので，なるべく外部からの応力を少なくするために，**2点支持法**が採用されている．この場合，自重でたわむことも考慮して，断面をH型，X型，あるいは中空にしてある.

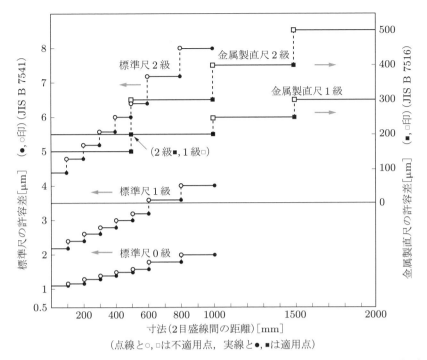

図 2.2 標準尺および金属性直尺の許容誤差（JIS B 7541-2001, 7516-2005 をもとに作図）

≫2.1.3 光波干渉による測定

波長一定の単色光が異なる光路に分かれて再び一緒になったとき，互いに干渉して，その位相差によって明暗が生じる．この干渉現象を利用して，高精度で長さを計測できる．

たとえば，図 2.3 に示すように，2 枚のガラスをわずか傾けて重ね，単色光を当てると，**干渉縞**が現れる．隣り合う縞の間隔，すなわち，1 周期分だけ離れた 2 点での光路の差は往復でちょうど 1 波長になる．干渉縞の間隔を a とし，傾きを φ とすると，片道の光路差は半波長なので，干渉縞の間隔 a との間に次式が成り立つ．

$$a = \frac{\lambda}{2\sin\varphi} \fallingdotseq \frac{\lambda}{2\varphi} \tag{2.1}$$

ここで，λ は単色光の波長である．

具体的には，図 2.4 のような装置でブロックゲージを測定し，異なる波長の単色光を複数用いた**合致法**により，複数の測定値から算出するようにしている．

まず，光源からの単色光をハーフミラーで二つに分割し，参照ミラーと試料面からの反射光を再びまとめて，望遠鏡で観測する．参照ミラーの傾きを調整して，適当な

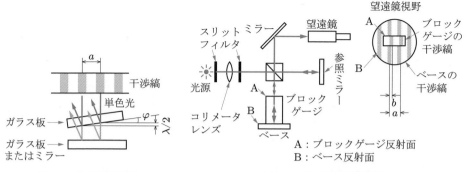

図2.3　光の干渉現象　　　　　　　　図2.4　干渉計測（合致法）

間隔の干渉縞を作ると，図の右上に示すような互いに少しずれた2組の干渉縞が現れる．これは，中央に置かれたブロックゲージからの反射光の干渉縞とベースプレート面からの干渉縞であり，縞の間隔をa，ずれをbとすると，次式が成り立つ．

$$L = \frac{1}{2}\left(N + \frac{b}{a}\right)\lambda \tag{2.2}$$

ここで，Lはブロックゲージの長さで，Nは未知の整数である．つまり，Lに相当する光路差は，ずれとして現れた半波長のb/a倍だけでなく，それにN本の干渉縞のずれが含まれている．Nは不明なので，波長を変えて測定し，この未知数を決めなければならない．原理的には2種類の波長でこと足りるが，誤差によるばらつきの問題もあり，3〜4種類の波長で測定して一致する値を求める．

2組の測定値から求める例を次に示す．数式は次のようになる．

$$① \quad L = \frac{1}{2}\left(N_1 + \frac{b_1}{a_1}\right)\lambda_1 \tag{2.3}$$

$$② \quad L = \frac{1}{2}\left(N_2 + \frac{b_2}{a_2}\right)\lambda_2 \tag{2.4}$$

未知数は，N_1，N_2，Lの三つなので，数学的には単一解はない．ただし，被測定物であるブロックゲージはおおむねその寸法がわかっているので，N_1，N_2の概略値は予想できる（不明の場合は，別の方法で数 μm の精度で測定しておく）．そこで，その近傍でN_1，N_2の値を順に1ずつ変えてLを算出すると，同一の値が1組得られる．その値が求めるブロックゲージの厚さである．

具体的に測定例を以下に示す．

約1 mm のブロックゲージの測定をして，次のデータを得た．

① $\lambda = 0.4$ μm, $b/a = 0.0$　　② $\lambda = 0.5$ μm, $b/a = 0.6$

N	$L\,[\text{mm}]$		N	$L\,[\text{mm}]$
5000	1.000 00		4000	1.000 15
5001	1.000 20		4001	1.000 40
5002	1.000 40		4002	1.000 65
5003	1.000 60		4003	1.000 90

これから，求めるブロックゲージの厚さは 1.000 40 mm であることがわかる．

次に，標準尺の校正法として**干渉縞計数法**がある．これは，図 2.5 に示すような装置で，干渉縞を発生させる反射プリズムを標準尺の目盛読取り用移動台に設置して，同プリズムの移動により発生消滅を繰り返す干渉縞の本数を数えることで，標準尺の目盛間隔を精度よく測定できる．

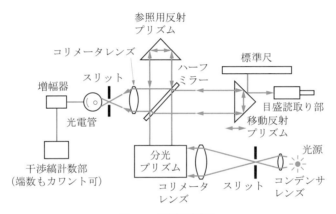

図 2.5　干渉縞計数法

≫2.1.4　各種ゲージとマイクロメータ

工場の現場で使われるゲージとしては**限界はさみゲージ**が挙げられる．図 2.6 に示すように**止まりゲージ**と**通りゲージ**の組合せで，公差内の寸法に納まっているかどうかを簡単に検査できる．ただ，注意を要するのは，このゲージで合格しても最小許容

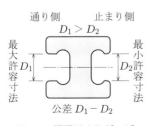

図 2.6　限界はさみゲージ

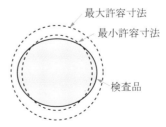

図 2.7　限界はさみゲージで見逃す不良品の例．最小許容寸法より小さい部分がある．

寸法より小さい部分のある不良品が存在することで，その例を図2.7に示す．

　ノギスは，ポルトガルの数学者ペドロ・ヌネシュ(Pedro Nunes)によって考案されたものさしで，そのラテン名Noniusがなまったものである．M型とCM型があり(図2.8)，物の厚さや間隔を簡単に精度よく測定できる．

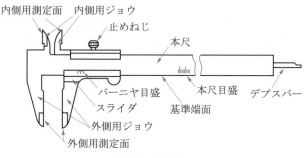

（a）M型ノギス

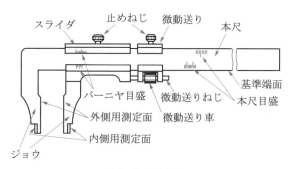

（b）CM型ノギス

図2.8　ノギス(JIS B 7507-2016)

　読取りはバーニヤ(副尺)で，1/10あるいは1/20ミリまで読めるようになっており，ディジタル式で読取りが容易になっているものもある．ディジタル式では，歯車の拡大機構に静電容量式エンコーダか光学式エンコーダを組み合わせたものが使われている．深さや高さを測ることのできるゲージとして，デプスゲージ，ハイトゲージがある(図2.9，図2.10)．

　ノギスの指定値の最大許容誤差(MPE)の許容値を測定長の関数として図2.11に示す．同図には，マイクロメータの指定値の最大許容誤差(MPE)の許容値も記載してある．マイクロメータはノギスほど長い物は測定できないが，精度は1桁以上よい．

　図2.12，図2.13に，外側マイクロメータと内側マイクロメータの構造を示す．内側マイクロメータは2種類あるが，図には棒型のみを記載してある．これは測定物の内側にマイクロメータ全体を入れ，両端のアンビル(受部)間の長さで測る．図に記

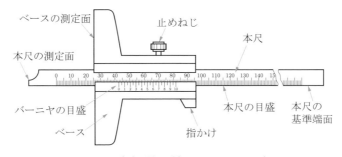

図 2.9 デプスゲージ(JIS B 7518-2018)

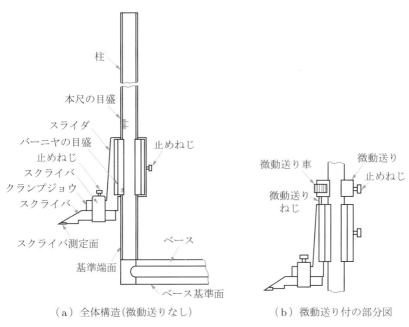

（a）全体構造(微動送りなし)　　　　（b）微動送り付の部分図

図 2.10　ハイトゲージ(JIS B 7517-2018)

載していないもう一つはキャリパ(双脚)型であるが，それはノギスと同様，ジョウ(あご)を測定面に当てて測ればよい．

　なお，マイクロメータはねじ構造を利用しているので，注意しないと被測定物に力がかかりすぎて誤差の原因になる．そこで，一定の力がかかると空回りするように，**ラチェット**(つめ車)が組み込んである．ただ，棒型はその機構がないので，余計な力がかからないように配慮しなければならない．なお，同図のシンブルとは，はめ筒のことである．

　測定範囲は狭いが，マイクロメータと同様の精度で，スタンドに被測定物を置いて

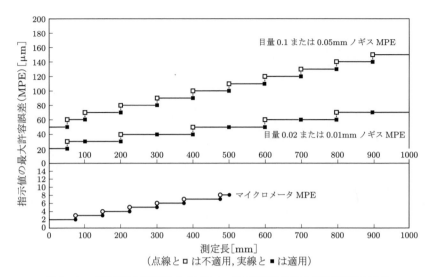

図 2.11　ノギスおよび外側マイクロメータの指定値の最大許容誤差（MPE）
（JIS B 7507-2016, 7502-2016 をもとに作図）

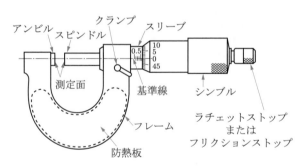

図 2.12　外側マイクロメータ（JIS B 7502-2016）

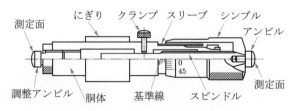

図 2.13　内側マイクロメータ（JIS B 7502-2016）

手軽に使える**ダイヤルゲージ**がある(図2.14)．その許容誤差はきめ細かく決められている(図2.15，表2.2，表2.3)．現在では，ノギスと同様にディジタル式が市販されている．

　ダイヤルゲージでは測定子が上下に動くようになっているが，それをてこ式にしたダイヤルゲージもある．このゲージは，被測定物との配置関係を比較的自由に設定できるという利点があり，縦型(図2.16)，横型，垂直型の3種類ある．その性能を表2.3に示す．

表2.2　外枠径50 mm以上のダイヤルゲージの計測特性における最大許容誤差(MPE)（JIS B 7503-2017）

単位　μm

目量[mm]	0.01								0.005	0.001		
測定範囲[mm]	1以下	1を超え3以下	3を超え5以下	5を超え10以下	10を超え20以下	20を超え30以下	30を超え50以下	50を超え100以下	5以下	1以下	1を超え2以下	2を超え5以下
戻り誤差	3	3	3	3	5	7	8	9	3	3	3	3
繰返し精密度	3	3	3	3	4	5	5	5	3	0.5	0.5	1
指示誤差　任意の1/10回転	5	5	5	5	8	10	10	12	5	2	2	3.5
指示誤差　任意の1/2回転	8	8	9	9	10	12	12	17	9	3.5	4	5
指示誤差　任意の1回転	8	9	10	10	15	15	15	20	10	4	5	6
指示誤差　全測定範囲	8	10	12	15	25	30	40	50	12	5	7	10

1回転未満ダイヤルゲージのMPEは，任意の1/2回転および任意の1回転の指示誤差は規定しない．

表2.3　外枠径50 mm未満のダイヤルゲージおよびバックプランジャ型ダイヤルゲージの計測特性における最大許容誤差(MPE)（JIS B 7503-2017）

単位　μm

目量[mm]	0.01				0.005	0.002	0.001
測定範囲[mm]	1以下	1を超え3以下	3を超え5以下	5を超え10以下	5以下	1以下	1以下
戻り誤差	4	4	4	5	3.5	2.5	2
繰返し精密度	3	3	3	3	3	1	1
指示誤差　任意の1/10回転	8	8	8	9	6	2.5	2.5
指示誤差　任意の1/2回転	11	11	12	12	9	4.5	4
指示誤差　任意の1回転	12	12	14	14	10	5	4.5
指示誤差　全測定範囲	15	16	18	20	12	6	5

1回転未満ダイヤルゲージのMPEは，任意の1/2回転および任意の1回転の指示誤差は規定しない．

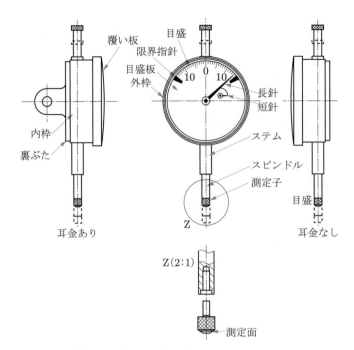

図 2.14　ダイヤルゲージ（JIS B 7503-2017）

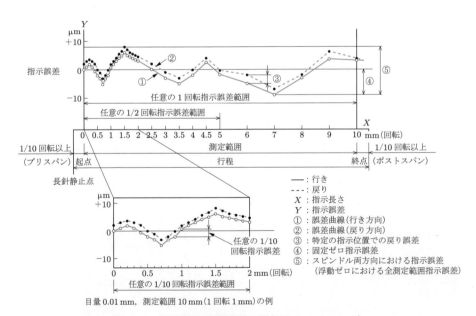

目量 0.01 mm，測定範囲 10 mm（1 回転 1 mm）の例

図 2.15　定ゼロ指示誤差曲線の例（JIS B 7503-2017）

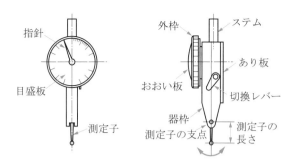

図 2.16 てこ式ダイヤルゲージ(JIS B 7533-2015)

また，図 2.17 に示すように**光てこ式**もある．この方式は，てこの慣性モーメントが小さいので大きな拡大率が実現できる．目盛の読取りは，投影方式の**プロジェクションオプティメータ**が広く用いられている．目盛は 0.1〜1 μm，指示範囲は 25〜100 μm 程度である．同図で，接眼レンズの倍率を A とすると，拡大率は SA/d である．$S = f \cdot 2\varphi = 2fd/l$ なので，拡大率は $2fA/l$ で求めることができ，$A = 10$，$f/l = 20$ とすれば 400 倍になる．

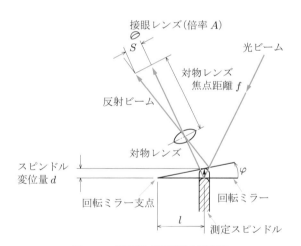

図 2.17 光てこ式測微器の原理図

測定子の変位を電気信号に変えて測定する**電気マイクロメータ**もある．原理的には**差動変圧器**(図 2.18，図 2.19)を用いたものがあるが，そのほかに，静電容量式，抵抗変化式，光学式など各種のエンコーダを用いたものもある．これは戻り誤差が小さく，比較的広い範囲を高倍率で測定できる．たとえば，0.2〜2 mm の測定量を 0.2〜2 μm まで読み取ることができる．電気信号は引回しが容易なので遠隔測定にも適しており，手軽に精度よく測定できる利点が大きく，広く使われている．

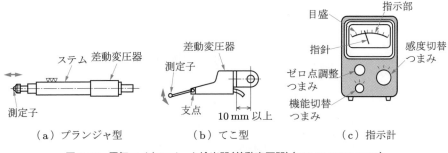

図 2.18　電気マイクロメータ検出器（差動変圧器）（JIS B 7536-1982）

(a) プランジャ型　　　(b) てこ型　　　(c) 指示計

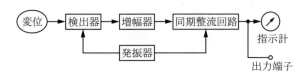

図 2.19　差動変圧器を用いた電気マイクロメータのブロック図

　工場では**空気マイクロメータ**がよく使われている．これは，被測定対象に接触しないで測定ができるので，測定子の磨耗が少なく，測定数が大量で連続して測定したい場合に適している．流量式と背圧式とがあり，いずれの方式も被測定物と空気噴き出しノズル先端とのすき間を流量や背圧で測定する**比較測長器**である．加圧空気の圧力は $5\sim20$ kPa，100 kPa 程度，$200\sim300$ kPa の 3 種類に分けられ，それぞれ低圧式，中圧式，高圧式という．

　流量式（図 2.20）では，次式が成り立つ．

$$\text{流量} \propto hd \quad \text{または} \quad (h_1 + h_2)d \tag{2.5}$$

ここで h, d は，図 2.21 に示すとおりで，図 2.22 のように両面を同時に測定する場合には右辺の後者の式が適用され，試料の位置に左右されずに厚さを測れる．これは，

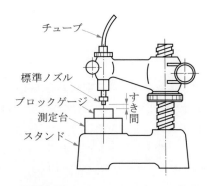

図 2.20　流量式空気マイクロメータ（JIS B 7535-1982）

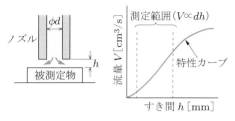

図 2.21　流量式空気マイクロメータ
のすき間と流量の関係

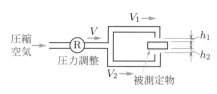

図 2.22　対向ノズル

両方のすき間の和は被測定物の厚さで決まり，その位置は無関係になるからである．ただし，なるべくそのすき間が両者ほぼ均等になるように配慮しなければならない．極端に片方に寄ると，図 2.21 に示すすき間と流量の比例関係が成り立つ範囲から外れて誤差の原因になる．

　背圧式は加圧力の影響がそのまま測定量に影響するので，圧力調整器の精度が重要になる（図 2.23）．そこで，図 2.24 に示すように，差圧方式によりその影響を少なくする工夫もされている．

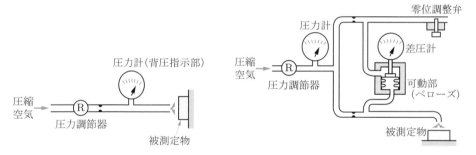

図 2.23　背圧式空気マイクロメータ　　　図 2.24　差圧式空気マイクロメータ

　用途としては，$\phi 1$ mm 程度の内径測定，小さい変位測定，厚さ測定に適している．感度が 10 万倍くらい可変で，ヘッドの磨耗が少なく自動選別に最適である．留意点は清浄な乾燥空気を用いることと，被測定物の表面粗さが影響するのでゲージと被測定物の表面粗さを同じ程度にしておくことである．

例題 2.1　限界はさみゲージで不良品を合格と誤判定する可能性のある試料形状を二つ挙げよ．

解　1）最小許容寸法より小さい部分がある楕円形を断面とする円柱形状（図 2.7 参照）．
2）円柱で，その中心線を含む横断面が鼓状で，中央部直径が最小許容寸法より小さい形状．はさみゲージを当てたときに中央部のくびれた部分（ウエスト）の寸法が測定できない場合がある．

≫**2.1.5 測長器**

標準との比較をするのではなく，標準尺あるいはそれに類する基準をもち，被測定物の実寸を直接測定できるものを測長器という．その概要と測定原理を図 2.25 に示す．長さ l の被測定物を挟み，そのときの移動量を目盛尺上で測微顕微鏡により読み取るのであるが，それには顕微鏡を移動する方式（同図（a））と目盛尺を移動する方式（同図（b））がある．

一般に，図（b）の装置は大がかりになるが精度はよい．その理由は，主な誤差要因が移動時に発生する移動部の角度変動であり，図（b）のほうが誤差が小さいためである．これは，**アッベの原理**といわれている．

図 2.26（a）は，図 2.25（a）の測長器の誤差で，その誤差は式（2.6）で算出できることがわかる．一方，図 2.26（b）は図 2.25（b）の測長器の誤差で，式（2.7）で求められる．

$$図（a）の場合：誤差 = \delta l = h\Delta\theta \tag{2.6}$$

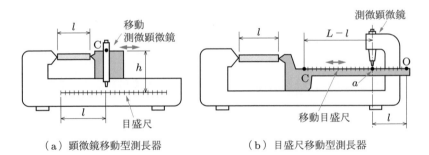

（a）顕微鏡移動型測長器 （b）目盛尺移動型測長器

図 2.25 横型測長器

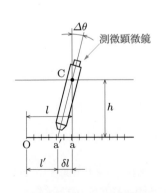

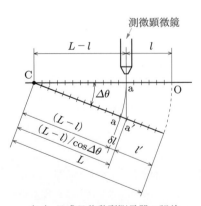

（a）顕微鏡移動型測長器の誤差 （b）目盛尺移動型測長器の誤差

図 2.26 測長器の誤差

$$図（b）の場合：誤差 = \delta l = -\frac{1}{2}(L - l)\Delta\theta^2 \qquad (2.7)$$

ここで，$\Delta\theta$ は最大の誤差要因と考えられるヘッドの移動に伴い発生するブレ角であり，1 に比べて十分小さい値である．たとえば，ブレを 0.1° とすると，これは 1.7×10^{-3} rad であり，$L = 2000$ mm，$l = 1000$ mm，$h = 100$ mm の場合，図（a）と図（b）とでは約 2 桁の違いがある．

$$図（a）の場合：誤差 = h\Delta\theta = 0.17 \text{ mm} \qquad (2.8)$$

$$図（b）の場合：誤差 = -\frac{1}{2}(L - l)\Delta\theta^2 = -1.5 \times 10^{-3} \text{ mm} \qquad (2.9)$$

図 2.26（b）において，l は測定試料の長さの真値であり，l' が測定値である．標準尺を送ったとき，そのブレ角を $\Delta\theta$ とすると

$$l' = L - \frac{L - l}{\cos \Delta\theta} \qquad (2.10)$$

であり，L は標準尺の初期設定状態における測定面と顕微鏡の読取り位置との間隔である．したがって，

$$誤差 = l' - l = (L - l)\left(1 - \frac{1}{\cos \Delta\theta}\right) \fallingdotseq -\frac{1}{2}(L - l)\Delta\theta^2 \qquad (2.11)$$

となり，式(2.7)が得られる．

≫2.1.6　測定顕微鏡とレーザ干渉測長器

顕微鏡と X-Y テーブルを組み合わせた測定顕微鏡（図 2.27）がある．X-Y テーブルが標準尺の機能をもっていて，小さな工具の寸法をテーブルの上に載せて，精度よく測定できる．

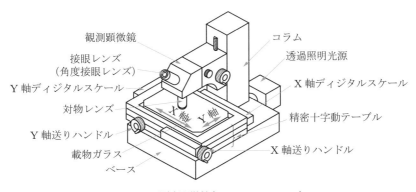

図 2.27　測定顕微鏡（**JIS B 7153-1995**）

図2.28はレーザ干渉測長機の原理図である．基本構成はレーザ干渉計と送りベッドの組合せで，干渉縞計数法あるいは2波長間に発生するビート周波数（差周波数）の光信号をもとにして，その位相変化が移動量に比例することを利用している．留意点は，空気の温度，気圧，ゆらぎによる屈折率変化の影響で，1m程度の測定でもその影響は数µmになるので補正が必要である．

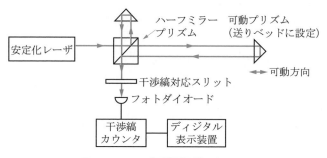

図2.28　レーザ干渉測長機の原理図

例題2.2　光干渉測長が高精度である理由と，測定上での留意点について述べよ．
解　1）二つの光路に分かれた一定波長光が合波して生じる干渉現象を利用しており，両光の位相差によって生じる明暗で光路差，すなわち，測定対象の長さを測定しているので，光の波長オーダー（0.5µm程度），あるいは，それより1〜2桁高い分解能で測長できるため，高精度な測長が可能である．
2）測長量が光の波長より長い場合，干渉縞の数を数える必要があり，そのための工夫が必要である．たとえば，概略値がわかっていれば2波長以上で測定して，両波長で合致する測定値を選択する合致法により算出できる．また，気温，気圧，空気のゆらぎによる光路中の空気の屈折率変動が誤差要因になる．

≫2.1.7　誤差要因

長さの測定における誤差要因はいろいろあるが，代表的なものは温度変化による膨張収縮の影響である．また，測定時にかかる力によるたわみやひずみが影響する場合もある．

(1)　温　度
温度の影響は単純明快で，次式で表す熱膨張現象による．

$$\Delta L = L\alpha\Delta\theta \tag{2.12}$$

ただし，ΔL：物体の長さLの変化量，$\Delta\theta$：温度変化量，α：熱膨張係数．
ところが，その防止対策となると厄介である．具体的にその影響を表2.4，表2.5

表 2.4 材料の熱膨張係数

材　料	熱膨張係数 × 10^{-6}(20℃)
炭素鋼	10.7
黄　銅	17.5
50%ニッケル鋼	9.4
インバール	0.13
ガラス	8～10
溶融石英	0.4～0.55

表 2.5 鋼($\alpha = 10.7 \times 10^{-6}$)の基準器と被測定物間に温度差があるときの誤差

単位 μm

測定長[mm]	0.5℃差	1℃差	2℃差
10	0.05	0.11	0.21
100	0.54	1.07	2.14
1000	5.35	10.7	21.4

に示す．これから明らかなように，たとえば，10 cm の鋼の寸法を測るのに1℃の差があると，約1 μm の誤差が生じる(表 2.5)．

つまり，ちょっと手にもっただけでも，この程度の誤差は覚悟しなければならない．したがって，高精密計測に当たっては温度管理が重要で，しかも莫大な費用と細心の注意力が必要とされる．

(2) 測定時の作用力

光干渉などによる非接触計測では問題ないが，通常は被測定物に接触して，力をかけて測定することになるので，その作用力の影響は無視できない．棒状試料の両端を測る場合の影響を定量的に表せば，次式のようになる．

$$\Delta L = \left(\frac{L}{E}\right)\left(\frac{P}{A}\right) \tag{2.13}$$

ただし，ΔL[mm]：縮み量，L[mm]：端面間の長さ，A[mm^2]：端面の断面積，P[N]：測定時の作用力，E[MPa]：材料の弾性係数．

弾性係数が 2×10^5 MPa で，直径 D[mm]の鋼球を平面に押しつけたときの近寄り量(変化量)δは次式で計算できる．なお，2平面で挟むときは2倍になる．

$$\delta = 0.41\left(\frac{P^2}{D}\right)^{1/3} [\mu m] \tag{2.14}$$

D をパラメータにしてグラフ表示すると，図 2.29 のようになる．

同じく弾性係数が 2×10^5 MPa で，直径 D[mm]，長さ L[mm]の鋼円柱を2平面で挟んだときの近寄り量は次式で計算できる．

$$\delta = \frac{0.094P}{LD^{1/3}} [\mu m] \tag{2.15}$$

D をパラメータにしてグラフ表示すると，図 2.30 のようになる．

(3) 標準尺などのたわみ

標準尺は通常対称な2点で支持する．正確には，幅があるので円筒の側面や三角柱の稜で支持しており，2点でなく2直線支持であるが，その際に図 2.31(a)，(b)

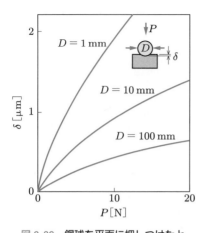

図 2.29　鋼球を平面に押しつけたと
きの近寄り量

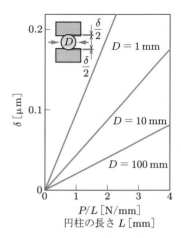

図 2.30　鋼円柱を平面で挟んだ
ときの近寄り量

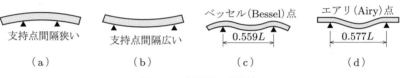

図 2.31　標準尺の支持法

に示すように，自重によるたわみが生じる．

　たわみを最小にする支持点は二つあり，それぞれ 2 点間の間隔 a が次のように設定されている．

$$\text{ベッセル点}：a \fallingdotseq 0.559L \quad （\text{H 型，X 型断面の場合}） \tag{2.16}$$

$$\text{エアリ点}：a \fallingdotseq 0.577L \quad （\text{長方形断面の場合}） \tag{2.17}$$

　図 2.31（c），（d）でわかるように，ベッセル点はたわみが平等に配分されているので線度器に適しており，エアリ点支持では端面が垂直を保っているので，端度器に向いている．

（4）　視　差

　図 2.32 に示すように，段差のある状態で目盛を読み取る場合，視差による誤差が生じる．段差 h が 0.25 mm のとき明視距離を 250 mm とすると，眼の位置が 20 mm ずれることにより，0.02 mm の誤差が出る．

　図 2.33 に示すような顕微鏡を使うときには，眼を左右にずらして，像位置が変わらないようにピントを合わせることが大切である．具体的に述べれば，目盛線の像が十字線のある A-B 面に結像するように調節して，両者の結像面を一致させる．

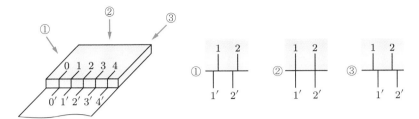

図 2.32 視差の現れ方

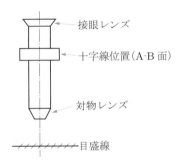

接眼レンズ

十字線位置（A-B 面）

対物レンズ

目盛線

図 2.33 顕微鏡における視差

（5） 接触状態と形状による誤差

端度器で端面を接触して測定する際に，その端面の接触状態と形状が問題になる．以下の図は誤差の原因を明確にするため誇張してある．

図 2.34 の例では測定子の端面が凹んでいるため，ブロックゲージと球を測ったときに δ の誤差が生じる．

測定面が平行でなかったり，直角度が悪かったりした場合，図 2.35 に示すような誤差が発生する．その誤差はそれぞれ次式で求めることができる．

$$平行不良の場合 : \Delta D = -\frac{\theta d}{2} \tag{2.18}$$

$$直角度不良の場合: \Delta D_1 = -\theta d \quad （ブロックゲージ基準） \tag{2.19}$$

測定子

球

δ

ブロックゲージ

（左のブロックゲージに比べ，球径が δ だけ短く測定される）

図 2.34 測定子端面の平面度不良による誤差

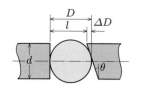 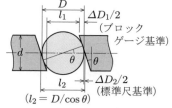

（a）測定子端面の平行度不良　　　（b）測定子端面の直角度不良

図 2.35　平行度，直角度による誤差

直角度不良の場合：$\Delta D_2 = \dfrac{D\theta^2}{2}$　（標準尺基準）　　　　　(2.20)

式(2.20)の場合は2次誤差なので，一般にその値は小さい．

図 2.36 は測定線から外れた場合の誤差で，図（a）の状況は明らかであろう．図（b）は円筒の内径測定で，直径から h だけ外れた場合で，図（c）は同じ内径測定で，直径から α だけ傾いた場合である．それぞれ次式で算出できる．

図（a）：$\delta = -\dfrac{l^2}{2(r+R)}$　　　　　(2.21)

図（b）：$\delta = -\dfrac{2h^2}{D}$　　　　　(2.22)

図（c）：$\delta = \dfrac{\alpha^2 D}{2}$　　　　　(2.23)

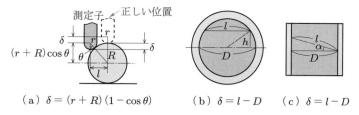

（a）$\delta = (r+R)(1-\cos\theta)$　（b）$\delta = l - D$　（c）$\delta = l - D$

図 2.36　測定線からずれた場合の誤差

なお，図（b）と図（c）の場合，測定端子と測定面との接点が測定線からずれるので，その誤差も生じるが，端子の曲率半径が小さければ，その影響はわずかで無視できる．

2.2　角度の測定

角度，ラジアンは二つの長さの比である．その一つは見込む角をなす二つの線間を結ぶ円弧の長さであり，もう一つは円弧の半径である．実際の計測法ではその定義に

こだわらず，ゲージや回転角を利用して角度そのものを現示することが多い．

≫2.2.1 機械的角度定規

　角度定規は図 2.37 に示すように，回転可能なタレットにブレードを取り付け，基準面に対して任意の角度を設定できるようにしてある．バーニアにより，5 分あるいは 3 分まで読み取ることができる．偏心誤差を除くには，180°回転して両方の読取り量の平均値をとる．

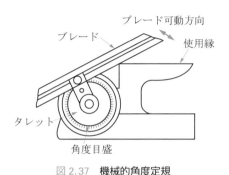

図 2.37　機械的角度定規

≫2.2.2 サインバー類

　円筒とブロックゲージを使い，図 2.38 に示すようにサインバーを設定して角度を出す．角度は次式で求めることができる．

$$\sin \alpha = \frac{H - h}{L} \tag{2.24}$$

　使用法は，図 2.39 に示すように被測定物を載せてその水平度を出し，ブロックゲージの高さ Δh，すなわち式 (2.24) の $H - h$ を測定することにより角度を算出する．

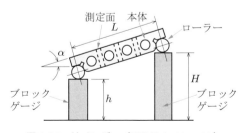

図 2.38　サインバー（JIS B 7523-1977）

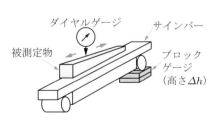

図 2.39　サインバーの使用例

⟫2.2.3　角度ゲージ

約 50 mm × 20 mm × 1.5 mm の焼入鋼製ブロック 85 本の組合せで 10〜350 度の角度を 1 分間隔で作ることができる角度ゲージがある（図 2.40）．このゲージは 1918 年にスウェーデンのヨハンソン（C. E. Johansson）により考案されたもので，手軽に使える便利さがあるが，角度を形成する面が狭いことと複数のゲージを使わなければならないことが多く，そのために精度が落ちる．なお，49 本組もある．

また，長さ 75〜100 mm，幅 16 mm の測定面をもつ六面体ブロック 12 個（1，3，9，27，41 度，1，3，9，27 分，3，9，27 秒）の組合せにより，81 度までの任意の角度を 3 秒おきに作ることのできる角度ゲージもある．

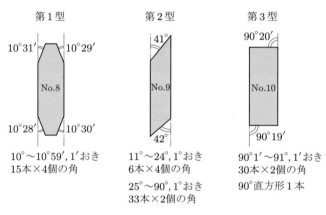

図 2.40　角度ゲージ（85 本組）

⟫2.2.4　水準器

水準器は，エーテルまたはアルコールを満たし，小さな気泡を封じた管で，水平からの傾きを測定できる．気泡管の内側は一定の曲率なので，わずかな偏位角を次式で測定できるが，通常は水平の確認だけに使うことが多い．

$$L = R\alpha \quad （ただし，\alpha はラジアン単位） \tag{2.25}$$

$$L = \frac{2\pi R\varphi}{360 \times 3600} \quad （ただし，\varphi は秒単位） \tag{2.26}$$

ただし，φ，α：偏位角，L：アルコールを詰めた円弧状気泡管中の気泡の移動距離，R：気泡管の曲率半径．

図 2.41 に角型と平型の例を示す．副気泡管は，主気泡管の直角方向のおおよその水平度を見るためにある．角型は側面と底面が直角になっているので，側面を使って垂直度を測定することができる．

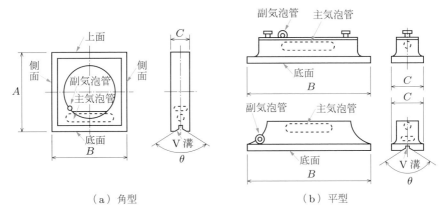

（a）角型　　　　　　　　（b）平型

図 2.41　**精密水準器（JIS B 7510-1993）**

<h2>»2.2.5　オートコリメータ</h2>

図 2.42 において，被測定面 R が鏡面で，それがわずか傾くと，スクリーン S_1 上に刻まれた視準像がオートコリメータのスクリーン S_2 上でずれるので，その像変位量 l で傾き角 α が測定できる．

$$\alpha \fallingdotseq \frac{l}{2f} \tag{2.27}$$

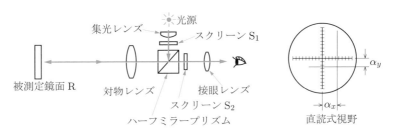

図 2.42　**オートコリメータと視野**

ここで，焦点距離 f を 100 mm，1 目盛を 0.01 mm とすると，約 10 秒（$1°/360 \fallingdotseq 5 \times 10^{-5}$ rad）の分解能となる．なお，光電式の高感度のものでは，最小読取りが 0.01 秒にもなる．

図 2.43 に，直角度の測定例を示す．手順としては，はじめに水平面を出して，次にその水平面測定用ミラーを外して，コーナープリズム経由で垂直面を測定する．両者が一致していれば直角度が出ていることになる．

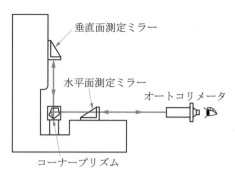

図 2.43　オートコリメータによる直角度の測定

　2.3　面積，形状，体積の測定

>>**2.3.1　面　積** ─────────────────────────

　面積を計測する機会は少なくはないが，通常は直接測定せず，縦横の積をとったり，円の半径などから算出することが多い．直接測定する方法として，プラニメータ(面積計)や図形法がある．

　プラニメータは図 2.44 に示すような原理で，直接外周をなぞることにより測定できる．構造は図 2.45 に示すとおりである．面積は固定点が測ろうとしている面の外にあれば，次式で求められる．

$$A = LS \tag{2.28}$$

ただし，A：面積，S：車輪 W の動いた距離，L：腕の長さ．

　ここで，C_1 の経路で A_1 から B_1 へ行くときに車輪 W の動いた距離を S_1 とすると，LS_1 は $AA_1C_1B_1B$ で囲まれた面積に相当する．次に C_2 の経路で，B_1 から A_1 に戻

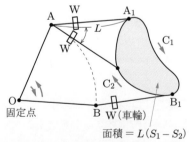

S_1：径路$A_1C_1B_1$での車輪の動いた距離
S_2：径路$B_1C_2A_1$での車輪の動いた距離

図 2.44　プラニメータによる面積測定の例

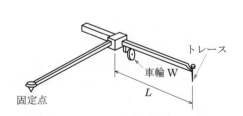

図 2.45　極点固定プラニメータの外観

るときに車輪 W の動いた距離を S_2 とすると，LS_2 は $AA_1C_2B_1B$ で囲まれた面積に相当し，車輪の回転方向は S_1 とは逆に戻っている．最終的に読み取れる距離 S は $S_1 - S_2$ であり，式(2.28)は $A_1C_1B_1C_2$ で囲まれた面積になる．よって，色のついた部分の面積が得られることになる．

図形法は，図形によって囲まれた四角のメッシュの数を数える方法で，そのメッシュを細かくするほど精度が上がる．

≫2.3.2　面粗さ

加工品の面粗さは物理量でなく工業量であるが，その仕上り品質の特性項目の一つとして重要であり，広く測られている．一般に，対象面はその面粗さが一様ではないので，その一部をランダムに抜き取って測定し，算術平均値で評価するが，加工品ではその値が一様であると認められれば，1箇所で求めた値で代表させることができる．抜取り部分の大きさは，基準長さとして JIS 規格で規定されており，測定対象表面の断面曲線からうねり成分を除去して粗さ曲線を得るときのカットオフ値 λ_C に等しくしてある．具体的に述べると，粗さ測定用触針先端の鋭さを曲率半径 r とすると，測定可能な最小凹凸は $\lambda_S (= 1.25r \sim 2.5r)$ とされ，λ_C は λ_S の 30～300 倍に設定される．なお，以下では表面の高さ方向に限定して説明するが，表面に平行な横方向の凹凸のピッチも粗さを表示するために規定されている．

（1）　表　示

表示の方法は図 2.46 に示すとおりで，JIS 規格(B 0601-2013)で決められている．

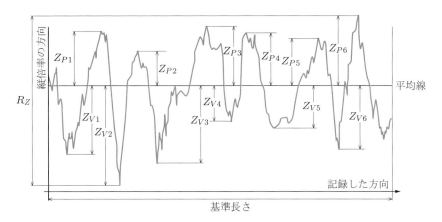

図 2.46　輪郭曲線の最大高さ(粗さ曲線の例)(JIS B 0601-2013)
R_Z：基準長さにおける輪郭曲線の山高さ Z_P の最大値と谷深さ Z_V の最大値の和

(2)　測　定

測定方法としては表 2.6 に示すような方法があり，**触針法**が一般的で広く使われている．特殊な方法として，**光切断法**(図 2.47)などもある．

表2.6　表面粗さの測定法

測定法	手　段	得られるデータ
触針法	光てこ拡大方式	R_Z
	触針電気拡大方式	R_a
比較法	触感方式 視覚方式 聴覚方式	R_Z
光学的測定法	光切断方式 干渉縞利用方式	R_Z

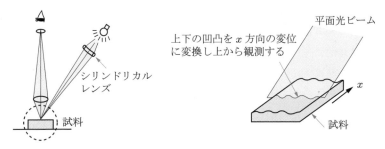

シリンドリカルレンズ

試料

平面光ビーム

上下の凹凸を x 方向の変位に変換し上から観測する

x

試料

図 2.47　光切断式表面粗さ測定法

≫2.3.3　形　状

基準の形状(直線，平面，円，球，輪郭)からのずれを知りたい場合がある．代表的なものを以下に述べる．

(1)　真直度と平面度

レーザ光線，強く張ったピアノ線，直定規などで真直度は測れる．平面度は図 2.48 に示すように，定盤を基準としたり，**オプチカルフラット**(光学平面ガラス)で干渉縞をつくって測定することができる．

(2)　真円度

真円度の測定法には，半径法，直径法，三点法がある．

被測定物の仮想中心を決めて回転させて半径を測ると，その真円度を測定できる(図 2.49)．仮想中心と被測定物の中心とのずれは測定値により補正できる．これを**半径法**という．

直径で真円度を測る**直径法**の場合は，図 2.50 に示すような**等径ひずみ円**も真円と

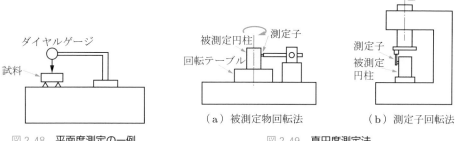

ダイヤルゲージ
試料

図 2.48 平面度測定の一例

被測定円柱
測定子
回転テーブル
（a）被測定物回転法
測定子
被測定
円柱
（b）測定子回転法

図 2.49 真円度測定法

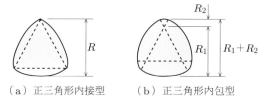

R
R2
R1
R1＋R2
（a）正三角形内接型
（b）正三角形内包型

図 2.50 等径ひずみ円

して判定されるので注意が必要である．

三点法は，図 2.51 に示すように三点支持により測定する方法で，それぞれ，はさみ角を下記のように 2，3 組み合わせて測定し，測定値の最大値と最小値の差で真円度を表す．

$\alpha = 150°$，$120°$，$(90°)$　（　）内は省略してもよい

$\beta = 120°$，$90°$

$\gamma = 150°$，$120°$

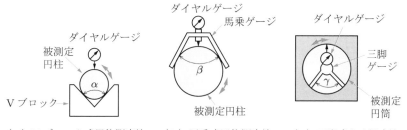

ダイヤルゲージ
被測定
円柱
α
V ブロック
（a）V ブロック式円柱測定法
ダイヤルゲージ
馬乗ゲージ
β
被測定円柱
（b）馬乗式円柱測定法
ダイヤルゲージ
三脚
ゲージ
γ
被測定
円筒
（c）三脚式丸六測定法

図 2.51 真円度測定三点法

(3) 真球度

真球度については，二点法(直径法)，三点法，四点法があり，図 2.52 に示すような**三球座**を用いる方法を**四点法**という．この球座の球半径は，測定球半径の約 2 倍

にする．

（4）　輪郭度

輪郭度の測定では，図2.53に示すように，基準形状の**輪郭ゲージ**を用意し，被測定物の基準からの偏りを測定する．

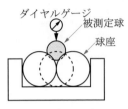

図2.52　**真球度測定四点法**

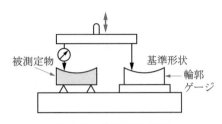

図2.53　**輪郭度の測定法**

》》2.3.4　体　積

体積の計測は，質量計測に換えることが多い．固体，気体の測定は，液体（水）の体積測定に置き換える．

Coffee Break　単位の歴史と日本

SI単位が国際的に制定されて，世界共通のルールとなっているが，1790年にメートル法が制定されるまでは，単位は各国ばらばらであった．長さにしてもしかりである．なぜ，地球の一周が4万kmぴったりなのか疑問に思われる人もあろう．これは発想が逆で，一周を4万kmとするように1mを決めたのである．当時はヨーロッパが世界文化の中心で，中でもフランスが熱心であった．ナポレオンの時代に，フランス人のジョセフ・ドゥランブル，フランソア・メシェンらは，ダンケルク（フランス）からバルセロナ（スペイン）間を測量し，地球の北極点から赤道までの子午線の1000万分の1を1mとした．この物語は本として出版されているので，興味ある方は読まれるとよい．以上のような理由もあり，SI単位はフランス中心で進められており，略語はフランス語の順番になっている．

ここでは詳細は述べないが，日本では尺貫法が中心であった．長さ（寸，尺，間，町，里），容積・重さ（勺，合，升，斗，俵，石）だけでなく，面積（坪，畝，反），時刻・方位（十干十二支を利用）など，なるほどと思わされる表現がされている．皆生活に基づいた基準である．今でも残っているのは建築のサイズで，尺，間は畳の生活で使われるが，畳もだんだん衰退してきている．

日本人は茶碗でご飯を食べるが，昔は一食に1合食べるので1年で1石消費した．かたや，豊臣秀吉の太閤検地に基づき，大名はその規模を，測量と見合う米の生産額の石数で表示した（加賀前田家は100万石など）．江戸時代の初期66国の総石高はおよそ

1850 万石といわれているので，その当時の人口がおよそ 1850 万人と推測されることになる．この人口はいろいろ説があり正確ではないが，消費量と生産高から人口を算出するという考え方が面白い．また欧米では，ヤードポンド法が使われていた．日本は比較的素直に SI 単位系に移行しているが，世界的に SI 単位が使われるようになった今でも，いまだに古い単位系に固執して併用している国も多い．

 演習問題

2.1 正は○，誤は×とせよ．

① 内側マイクロメータはラチェットがないので，測定力が一定になるよう注意して使わなければならない．

② 面粗さは基準長さ内に限定して評価する．

③ 電気マイクロメータは戻り誤差が大きい．

④ 限界はさみゲージでは検出できない不良品がある．

⑤ 光波干渉による測定法の一種である合致法においては，ある程度被測定物の寸法がわかっていなければならない．

2.2 視差について述べよ．

2.3 測長器に関するアッベの原理について，その計測精度上の意義を述べよ．

2.4 計測精度上の観点から等径ひずみ円について述べよ．

2.5 約 30 mm の円筒の直径を ±0.01 mm の精度で測定したい．どんな測定器を選べばよいか．また，±0.002 mm の精度で測定したい場合はどうか．

2.6 精密用標準尺には 2 点支持法が適用される．その理由と注意事項を述べよ．

2.7 光波干渉による測定において，干渉縞を発生させるための干渉板の傾きは適当に設定すればよい．その理由と，何をもって適当と判断すべきかを述べよ．

2.8 空気マイクロメータの実用上の特徴と留意点を述べよ．

第3章　力，圧力等の測定

　重量は，質量に重力加速度がかかって生じる力の量である．質量標準は，今までは，1889 年に制定された国際キログラム原器を基準としてきたが，第 1 章に述べたように，2018 年 11 月の国際度量衡総会で，質量をプランク定数で決めることと改訂された．物体の質量は，国際標準に対してトレーサビリティをもつ基準分銅との比較によって求めるのが原則である．このために用いられるのがてんびんである．

　物体の重さ（重量）をよくキログラムで表すが，それはほとんどの場合は質量を表している．しかし，重さ（重量）は，地球上の緯度や高度，場所により重力加速度の値は異なるので，同一物体の重さ（重量）も異なることになる．そのように考えると，それは "キログラム" ではなく実際には，重量キログラム（kgf, kgw, キログラム重）となる．区別の必要がある場合には kgf または kgw と表示していたが，これは MKS 重力単位系での表記であり，SI 単位ではない．SI 単位系では，1 kgf は約 9.807 N である（N はニュートンで，SI 単位系での力単位である）．

　この章では，質量と重さに関連する量の測定について勉強する．具体的には，"質量"，"力"，"トルク"，"ひずみ"，"圧力"，"密度" の計測について述べる．

 ## 3.1　質　量

　質量の単位キログラム［kg］は，プランク定数の値を正確に 6.626 070 15 × 10^{-34} ジュール・秒（J·s）と定めることによって定義される．

$$m = \frac{hf}{c^2} \tag{3.1}$$

ただし，m：質量，h：プランク定数，f：電磁波の周波数，c：光速．これは，エネルギーの最小単位（量子化単位）は，プランク定数で与えられること（$E = hf$），質量とエネルギーは等価であること（$E = mc^2$）から求められる．

>> 3.1.1 てんびん

質量測定において最も精度の高いのが，図 3.1 に示したようなてんびんである．てんびんでは，おもりと試料にかかる重力加速度の差異は，測定精度の観点から無視できる．重力加速度は地球重心からの距離の二乗にほぼ反比例するので，仮に高さが 1 cm 違ったとしても，地球半径が約 6×10^8 cm なので，誤差率は約 0.3×10^{-8} でほとんど無視できる．

てんびんの感度については，図 3.2 において次式が成り立つ．感度を上げるためには，さおを軽くして，強度の高い材料を用いるべきである．

$$\text{感度} = \frac{\phi}{\Delta} = \frac{L}{W_G b + 2a(W_S + W)} \tag{3.2}$$

ただし，$a = \overline{\mathrm{AS}}$，$b = \overline{\mathrm{GS}}$，S：支点，G：重心，A：S から $\overline{S_1 S_2}$ に下ろした垂線の交点．なお，$a = 0$ のとき，次式のように簡単な式になる．

$$\text{感度} = \frac{L}{W_G b} \tag{3.3}$$

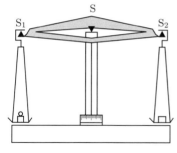

図 3.1　てんびんの構造

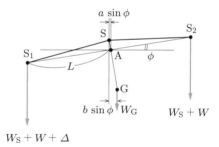

図 3.2　感度 (ϕ/Δ) の考え方

秤量精度を上げていくと浮力の誤差が問題になってくるので，補正が必要になる．補正式は次のとおりである．

$$M = W(1 - K) \tag{3.4}$$

$$K = \rho\left(\frac{1}{\gamma} - \frac{1}{d}\right) \tag{3.5}$$

ただし，M：真の質量，W：測定値，K：補正係数，ρ：空気の密度 (1.2 kg/m³，21℃)，γ：分銅の密度，d：測定物の密度．

図 3.3 は**直示てんびん**の一例で，あらかじめ試料側に最大の分銅がかかっており，外部操作で試料の質量に相当する分だけ分銅を取り除いてバランスをとる．皿に空気の流れが当たるとバランスを崩すので，ガラス扉で風を防ぐことで測定を容易にするとともに，誤差を抑えるようにしてある．ミリグラム単位まで測るには最も便利で，

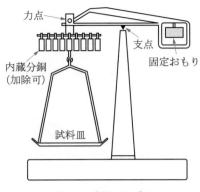

図 3.3　直示てんびん

広く使用されている．

≫3.1.2　ロバーバルの機構

　店頭で多く使われている上皿てんびんは，さおが傾いても皿が傾かない工夫が凝らされている．その工夫とは，フランスの数学者ロバーバル（Gilles Personne de Roberval）が 1670 年に考案した機構で，図 3.4 のようにさおが平行四辺形になっているので，皿に相当するところ（P_A，P_B）が傾かない．しかも，試料あるいは分銅を皿のどこに置いても，さおにかかるモーメントは A，A′ および B，B′ の作用点と S，S′ の支点間で決まる．これは，てんびんの必須条件であるとはいえ，実用面で重要な利点といえる．

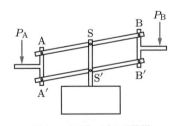

図 3.4　ロバーバルの機構

 ### 力の測定

3.2

　ばねを利用した変位置から力測定する方法もあるが，力センサを用いて弾性体に生じるひずみを測定する方法，圧電効果により発生する電荷を計測する方法の二つの方法が多く見られる．

≫3.2.1　変位測定法

　ばねは，**フックの法則**により力に比例して伸び縮みするので，力を変位に変換できる．図3.5に示すように，フックの法則が成り立つ比例限界内(塑性変形が生じない範囲)で直線性が保証されており，これを利用した**環状ばね型力計**(図3.6)がある．

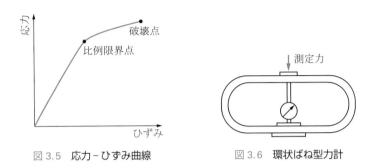

図3.5　応力-ひずみ曲線　　　　図3.6　環状ばね型力計

≫3.2.2　ひずみ測定法

　弾性体に生じるひずみにより，力を測定する方法である．重要な概念として，**ヤング率**，**ポアソン比**がある．

　ヤング率 E は，応力 σ をかけて生じたひずみ ε の比で表され，ポアソン比 ν は，弾性体の縦横の変位の比で表される(図3.7)．F は印加した力で，A はその断面積である．

$$E = \frac{\sigma}{\varepsilon} = \frac{F/A}{\Delta L/L} \tag{3.6}$$

$$\nu = \left| \frac{\Delta d/d}{\Delta L/L} \right| \tag{3.7}$$

　ひずみ測定には**電気抵抗ひずみ計**があり，その抵抗値 R は以下の式で表される．

$$R = \frac{\rho L}{A} \tag{3.8}$$

ただし，L：長さ，A：断面積，ρ：比抵抗．ひずみにより，抵抗値 R が ΔR 変化す

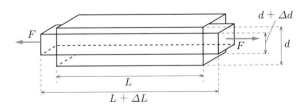

図3.7　ひずみの概念(軸方向のひずみ)

ると，

$$\frac{\Delta R}{R} = \frac{\Delta \rho}{\rho} + \frac{\Delta L}{L} - \frac{\Delta A}{A} = \frac{\Delta \rho}{\rho} + (1 + 2\nu)\frac{\Delta L}{L} \quad \left(\frac{\Delta A}{A} = -2\nu\frac{\Delta L}{L}\right)$$

(3.9)

となる．ここで弾性体に金属を用いると，比抵抗 ρ の変化は非常に小さく，また $\nu \fallingdotseq 0.5$ であるので，

$$\frac{\Delta R}{R} = (1 + 2\nu)\frac{\Delta L}{L} \fallingdotseq 2\frac{\Delta L}{L}$$

(3.10)

となる．抵抗値変化に対する長さ変化の比をゲージ係数 f_G とよぶ．ここでは，$f_G = 2$ である．半導体の場合は，式(3.9)の第1項は

$$\frac{\Delta \rho}{\rho} = \pi E \frac{\Delta L}{L}$$

(3.11)

である．ただし，π：ピエゾ抵抗係数，E：ヤング率．抵抗の変化率は

$$\frac{\Delta R}{R} = (\pi E + 1 + 2\nu)\frac{\Delta L}{L}$$

(3.12)

となる．ここで πE は，Si の場合，±100 程度の大きな値となり（結晶軸方向により異なる），f_G は第1頁が支配的になる．そのため，Si 半導体の抵抗感度が金属に比して高いのと，Si プロセスが利用できるので，超小型圧力センサが実現可能である．しかし，温度の影響が大きい．

　抵抗線ひずみ計の構成を図 3.8 に示す．また材料による特性を表 3.1 に示す．

　ひずみ計は，薄い電気絶縁物のベースの上に形成されており，これを測定対象物（供試体）の表面に専用接着剤で接着して測定する．測定対象物にひずみが発生すると，ひずみ計のベースを経由して抵抗体（線・箔）にひずみが伝わる．

　ひずみ計の抵抗変化は微少なので，図 3.9 のようにホイートストンブリッジ回路を

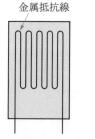
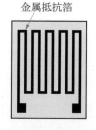
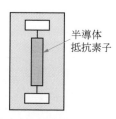

（a）抵抗線ひずみ計　　（b）抵抗箔ひずみ計　　（c）半導体ひずみ計

図 3.8　抵抗ひずみ計

表 3.1 電気抵抗ひずみ計材料の特性

材 料	ゲージ係数 f_G	比抵抗[$\Omega \cdot$m]	温度係数[℃$^{-1}$]	備 考
銅・ニッケル合金 (55/45)	約2	約 4.9×10^{-7}	約 1.1×10^{-5}	広範囲のひずみに対して f_G 一定. 360℃以下で用いられる.
5%イリジウム・白金	約5	約 2.4×10^{-7}	約 1.3×10^{-3}	1000℃までの高温で用いられる.
シリコン半導体	$-100 \sim +150$	約10	約 9×10^{-2}	f_G は大きいが，ひずみが大きい場合には使えない.

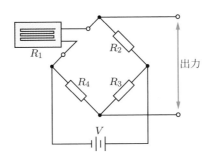

図 3.9 ひずみ計による測定法

用いて電圧に変換してひずみ量が測定される.

$R = R_1 = R_2 = R_3 = R_4$ とすると，ひずみが加わってひずみ計の抵抗 R が $R + \Delta R$ になる．したがって，出力電圧 Δv(変化分)は

$$\Delta v = \frac{\Delta R}{4R + 2\Delta R} V \approx \frac{E}{4} K_\varepsilon \quad (\Delta R \ll R \text{の場合}) \tag{3.13}$$

となり，ひずみ量 ε に比例した出力が得られる.

≫3.2.3 圧電効果により発生する電荷を計測する方法

圧電効果とは，水晶などの圧電体(圧電結晶)に電圧を加えると変形が生じ，逆に，力を加えて変形させると電圧(電荷)を生じる効果である．圧電体としては，水晶のような単結晶，チタン酸ジルコン酸鉛(PZT)などの圧電セラミックス，圧電高分子膜などがある．力センサ用圧電体としては水晶が多く使われ，作用力に応じて発生した電荷が測定される.

圧電効果は，圧電基本式とよばれる2元連立方程式で記述される．独立変数にどの物理量をとるかによって4種類の形式をとる．ひずみを S, 電束密度を D とすると，電圧基本式は応力 F および電場 E を独立変数として次のように示される.

$$S = S^E F + dE \tag{3.14}$$

$$D = dF + \varepsilon^T E \tag{3.15}$$

ここで, S^E：弾性コンプライアンス定数, ε^T：誘電率であり, 右肩の記号はその物理量が一定の条件下の値であることを示す. また, d は圧電定数とよばれ, 機械的効果と電気的効果を結びつける係数である. 圧電特性を表す場合, 形状や方向性などの一定条件を必要とし, これらの条件をベクトル量やテンソル量などでおのおのの記号を用いて表す.

　圧電素子は図3.10に示すように, 二つの電極で圧電体を挟んだ構造をしており, これに加えられた力に応じて発生した電荷はチャージアンプにより電圧に変換され, その出力電圧は電圧計(ADボード付PC, データロガなど)により記録される.

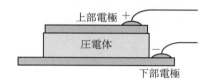

上部電極 ＋
圧電体
－
下部電極

図3.10　圧電素子極の構造

　このタイプの力センサが広く使われている最大の理由は, 一般にひずみゲージ式のものと比較して固有振動数が大きく, 動的な測定に適していると考えられている. 一般に, 固有振動数の大きな力センサほど, より高い周波数成分を含んだ変動力の測定をより正確に行うことができると考えられている. このタイプの力センサを用いた力計測における不確かさは, 変動しない静的な力を計測する場合, 最高で1%程度である.

3.3　トルクの測定

　回転力は, その回転軸から作用点までの距離(通常, 半径 r)とその点での作用力 F の接線方向成分の積で, **トルク** T または**モーメント** M で表現される. すなわち, 図3.11に示すような場合, 距離 r と作用力 F のなす角を θ とすれば, 次式で計算できる.

$$T = M = rF\sin\theta \tag{3.16}$$

　測定法としては**ひずみゲージ**を用いることが多いが, 原理的にわかりやすい方法として**プロニーブレーキ**(図3.12)による測定法がある. これは大変クラシックな方法で, フランスの水力技術者であるプロニー(Gaspard de Prony)にちなんで名づけられたものである. 被測定対象の原動機の回転にブレーキで摩擦負荷をかけて, アームにかかる力をばね秤で測定している.

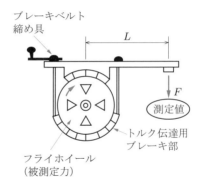

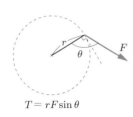

$$T = rF\sin\theta$$

図 3.11 トルクの定義

図 3.12 プロニーブレーキによるトルク測定

トルクは次式で算出できる.

$$T = F \cdot L \qquad (3.17)$$

ただし,T:トルク,F:アームにかかる力,L:アームの長さ.

 3.4 圧力の測定

　水や空気のような流体の作用力は,静止状態ではその入れ物の面に対して常に垂直である.そこで,単位面積当たりのそのような力を圧力として定義する.

　圧力の単位は,表 3.2 に示すようにいろいろあるが,国際単位では,1 Pa(パスカル) = 1 N/m²(N:ニュートン)と定義されており,ほかの単位は推奨されていない.

　日常生活では,まず大気圧が基準になる.圧力は通常,図 3.13 に示すように 1 気圧を基準にして測定するので,正のゲージ圧,負のゲージ圧に分けて扱う.一方,**絶対圧力**で表す真空度では,負のゲージ圧という概念はない.真空度は後章で論じることにして,ここでは圧力の測定について,力の測定の観点から述べる.

表 3.2 圧力の単位

各種圧力単位	組立単位換算
1 Pa	1 N/m²
1 atm(標準大気圧)	$1.013\,25 \times 10^5$ Pa
1 bar(バール)	1×10^5 Pa
1 Torr(トル)	約 133.322 Pa
	(101 325 Pa/760)
1 mmHg(ミリメートル水銀柱)	約 133.322 Pa

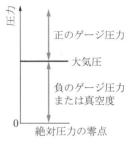

図 3.13 圧力の分類

>>3.4.1　液体圧力計

　液体圧力計は連結する2本の液柱の液面落差で基準圧力との差を測り，測定対象の圧力を知ることができる．比較的簡単な構造だが，精度がよいので広く使われている．液体は，水銀，油，水など，物理的，化学的に安定で非圧縮性のものが選ばれる．

(1)　U字管圧力計

　U字管圧力計は最も基本的な圧力計で，図3.14に示すような構造になっており，次式で圧力を求めることができる．

$$P_1 - P_2 = \rho g h \tag{3.18}$$

ただし，ρ：液体の密度，g：重力加速度．

(2)　単管圧力計

　単管圧力計は，U字管圧力計の一方の管を十分に太くして，その液面の変位を無視できる程度に小さくした圧力計である．具体的には図3.15に示すように，液槽に単管をつないだ構造になっている．圧力を求めるには，式(3.18)のhを単管の液面変位とすればよい．液槽の液面変位h'は誤差要因になるが，次式において$S_2 \fallingdotseq S_1/1000$とすれば，その誤差は0.1%に抑えられる．

$$h' = \frac{S_2 h}{S_1} \tag{3.19}$$

ただし，S_1：液槽の断面積，S_2：液柱の断面積．

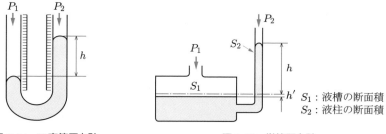

図3.14　U字管圧力計　　　　　　　　図3.15　単管圧力計

(3)　傾斜管圧力計

　傾斜管圧力計は，低い圧力を測定するのに適した圧力計で，図3.16に示すとおり単管を斜めに傾けた構造である．式(3.19)を用いると，式は次のようになる．

$$P_1 - P_2 = \rho g l \left(\frac{S_2}{S_1} + \sin \alpha \right) \tag{3.20}$$

S_1：液槽の断面積
S_2：液柱の断面積（傾斜管内径円の面積）

図 3.16 傾斜管圧力計

≫3.4.2 弾性体圧力計

弾性体圧力計は，圧力による弾性体の変形を利用して，その変位量で圧力を測定するもので，広く工業的に用いられている．

(1) ブルドン管圧力計

ブルドン管圧力計は，図 3.17 に示すように弾性金属の偏平管を半円状にして，その中に油などを詰めたもので，その油に圧力がかかるとパイプが伸びて圧力を計測できるようにしてある．パイプの材質はりん青銅，ステンレス鋼などで，留意点は特性の経時変化，腐食問題などである．

(2) ダイヤフラム圧力計

ダイヤフラム（diaphragm：隔膜）圧力計は図 3.18 のとおりで，この形状から予想されるように，大きな変位を与えることができないので測定範囲が狭いが，粘性液体にも用いることができる．

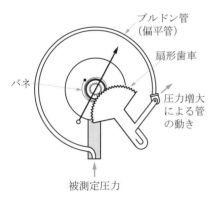

図 3.17 ブルドン管圧力計内部構造
（目盛板を除いてある）

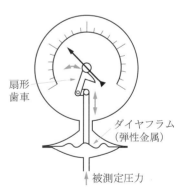

図 3.18 ダイヤフラム圧力計

(3) ベローズ圧力計

ベローズ圧力計は図 3.19 のとおりで，特徴はダイヤフラム圧力計に類似しているが，ダイヤフラム圧力計より測定範囲が若干広い反面，応答速度が劣る．

（4）空ごう圧力計

空ごう圧力計は，2枚のダイヤフラムを貼り合わせた空ごうの中に圧力を加えると，それが膨れ，その変位量で圧力を測定できる計器で，圧力検出部は図 3.20 に示すような構造になっている．ダイヤフラム圧力計より低い圧力を測定でき，気圧計として利用されている．

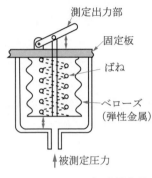

図 3.19　ベローズ圧力検出部

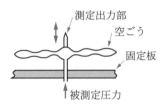

図 3.20　空ごう圧力検出部

 3.5　密度の測定

密度は単位体積当たりの質量であり，その SI 単位は[kg/m³]である．従来使用されていた単位[g/cm³]も使用可能であるが，SI 単位は3桁大きい数値となっている．参考までに述べると，比重は，同じ体積の4℃の水との重量比であるので無次元量である．

実際の計測においては，水を基準に常温で測定するのが一般的なので，水温を測って補正をする必要がある．

液体の比重の基本的な計測法である**比重びん**による方法では，体積の測定精度を上げるために図 3.21 に示すように細い首の部分を設け，そこで精度よく試料液体の体積を計量できるようにしている．これは，比重びんの中に入れる試料液体の容量を正確に測定するための工夫で，わずかな体積差を拡大して読み取ることができるように細くしてある．なお，一つの比重びんで測定できる体積の範囲は大変狭いので，あらかじめ概略の体積を求めておき，測定範囲内に収まるような容積の比重びんを選択するか，比重びんの容量に合わせて採取することになる．左の比重びんは目盛線が1本だけで，一定の体積の液体を測り取る目的で使用される．

固形試料については，浮力を利用し，図 3.22 に示すように水中で秤量し，空気中の秤量値から差し引いて，水の密度で補正するようにすることで，次式で密度が得ら

図 3.21　比重びん　　　　　図 3.22　水中秤量法

れる.

$$密度 = \frac{M}{V} = \frac{M\rho_{\mathrm{W}}}{M - M'} \tag{3.21}$$

ただし，ρ_{W}：水の密度，M：空気中の秤量，M'：水中の秤量，V：試料の体積.

≫3.5.1　浮　秤

　浮秤は，浮きの上部に分銅皿を設置し，液中下部につりかごを付けた構成で，液体および固体の比重を測定できる．たとえば，図 3.23 に示す**ニコルソンの浮秤**がその一種である．液体，固体それぞれの比重は次のように求めることができる．なお，測定温度条件によっては，測定精度の観点から温度補正が必要になる.

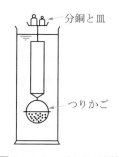

図 3.23　ニコルソンの浮秤

（1）　液体の比重

　比重 d を求める式は次のとおりである.

$$d = \frac{M + m'}{M + m} \tag{3.22}$$

ここで，M：浮秤の質量，m：標線まで沈めるに要する分銅(水中)，m'：標線まで沈めるに要する分銅(試料液体中).

(2)　固体の比重（水中測定）

比重 d を求める式は次のとおりである．

$$d = \frac{m_1 - m_2}{m_3 - m_2} \tag{3.23}$$

ここに，m_1：試料なしのときの秤量，m_2：分銅皿に試料を載せたときの秤量，m_3：つりかごに試料を入れたときの秤量．

≫3.5.2　連通管

図 3.24 に示すような連通管を用いて，液体の密度を測定できる．

$$\rho_2 = \frac{\rho_1 h_1}{h_2} \tag{3.24}$$

ただし，ρ_1：標準液体の密度，ρ_2：試料（液体）の密度，h_1：標準液体の液柱の高さ，h_2：試料（液体）の液柱の高さ．

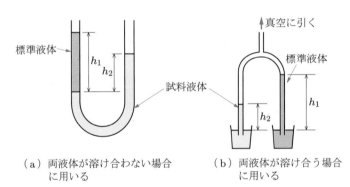

（a）両液体が溶け合わない場合に用いる　（b）両液体が溶け合う場合に用いる

図 3.24　連通管による液体密度の測定

≫3.5.3　気体の密度

(1)　定義と換算式

液体や固体と異なり，気体の密度は桁違いに低く，温度による変化が大きいので，通常は標準状態（0℃，1 atm）における体積 1 m³ の気体の質量[kg]として定義されている．

また，理想気体とみなせる場合は，次式の**ボイル-シャルルの法則**が成り立つので，温度と圧力を測定しておけば，**標準状態**への換算は容易である．

$$PV = RT \tag{3.25}$$

ただし，P：気体の圧力，V：1 mol の気体の体積，T：絶対温度，R：**気体定数**（= 8.314 459 J/(mol·K)）．

（2）　代表的な気体の密度

代表的な気体の密度を表3.3に示す．もちろん，この表の値は標準状態での密度である．また，空気は酸素と窒素の比が1：4の混合気体であるから，$\rho = (1.429 + 1.25 \times 4)/5 \fallingdotseq 1.29 \, \text{kg/m}^3$である．

（3）　測定法

気体密度測定には，図3.25に示すような**ブンゼン－シリング式流出速度法**という巧妙な方法がある．原理はエネルギー保存の法則を利用したもので，一定のポテンシャルエネルギーが気体流出の運動エネルギーに変換されるとして，流出所要時間から気体の密度 ρ を計算できる．

具体的に説明すると，同図の二重円筒の内筒に試料気体を吹き込み，内外筒の流体の液面差によるポテンシャルエネルギーで，一定体積 V の試料気体を微小ノズルから吹き出すのに要する時間を測定する．気体の密度が異なっても，ポテンシャルエネルギーから変換された運動エネルギーは同じなので，密度のわかっている標準気体での測定値（所要時間）との比較により試料気体の密度を求めることができる．

速度 v で流出する質量 m のガスの運動エネルギーは次のとおりである．

$$E = \frac{mv^2}{2} = \frac{v^2 \rho V}{2} \tag{3.26}$$

微小ノズルの開口面積を A とすると，$v = V/tA$ であり，V，A は一定なので，次式のとおり E は気体密度 ρ に比例し，所要時間（a から b へ至る時間）t の二乗に反比例する．

$$E = \left(\frac{V}{tA}\right)^2 \times \frac{\rho V}{2} \propto \frac{\rho}{t^2} \tag{3.27}$$

表3.3　標準状態における各種気体の密度

単位　kg/m^3

気　体	ρ	気　体	ρ
酸　　　素 O_2	1.429	キセノン Xe	5.887
窒　　　素 N_2	1.250	硫化水素 H_2S	1.539
水　　　素 H_2	0.089 9	一酸化炭素 CO	1.250
ヘリウム He	0.178 5	二酸化炭素 CO_2	1.977
ネ　オ　ン Ne	0.900	アンモニア NH_3	0.771
アルゴン Ar	1.784	アセチレン C_2H_2	1.173
クリプトン Kr	3.739	メ　タ　ン CH_4	0.717

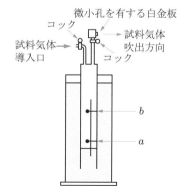

図3.25　ブンゼン－シリング式流出速度法による気体密度測定

そこで，試料気体と標準気体の測定値について次の関係が成立する．

$$\rho = \frac{\rho_0 t^2}{t_0^2} \tag{3.28}$$

ここで，ρ_0：標準気体の密度，t_0：標準気体での所要時間．

これで試料気体の密度が求められるわけであるが，ポテンシャルエネルギーがすべて気体流出の運動エネルギーに変換されることが前提条件となるので，ノズル部での摩擦エネルギーは無視できるように小さくしておかねばならない．そこでノズル部は，常に安定した清浄状態が維持できるよう白金板が使われる．

Coffee Break   計量記念日

　6月7日は計量記念日である．昭和26年同日に計量法が公布，施行されたことにちなんでおり，6月は計量強調月間とされている．産業界において，重量や寸法を正確に測定することは生産管理の基本といえるので，計量，計測機器を正しく使い，保守するという思想を普及していくことはなおざりにはできない．

　計量・計測機器の中で，種類が豊富で日常なじみの深いものといえば，はかりであろう．精肉店では，今は読み量がディジタルに数字で表示される電子はかりが使われている．便利になったものである．

　しかし，便利になった分だけ計量に対する意識が薄れるという危惧がある．物事にはそのような二面性があるのだが，せめてこのような記念日には，計量への意識を少しでも高めるようにしたいものである．

演習問題

3.1　正は○，誤は×とせよ．

① 　てんびんのさおの材質と太さを変えずに，その腕を長くしてもほとんど感度は上がらない．

② 　ダイヤフラム圧力計は測定範囲が狭い．

③ 　密度 $1\,\mathrm{g/cm^3}$ の物質は水より比重がわずか大きい．

④ 　半導体のひずみ計はもろいが，ゲージ係数は高い．

⑤ 　質量は直接測定することができない．

3.2　ロバーバルの機構について，その効能を述べよ．

3.3　ブンゼン－シリング式流出速度法の原理を述べよ．また，窒素を標準気体とし，その計測時間が $1.00 \times 10^2\,\mathrm{s}$ で，試料気体の計測時間が $2.00 \times 10^2\,\mathrm{s}$ のときの試料気体の密

度を求めよ．なお，窒素の密度は $1.25\,\mathrm{kg/m^3}$ とする．

3.4　常温で，密度 $1.0000 \times 10^3\,\mathrm{kg/m^3}$ の試料を秤量したら，$10.000\,\mathrm{g}$ であった．空気の浮力の補正をせよ．ただし，空気の密度は $1.2\,\mathrm{kg/m^3}$，分銅の密度は $6 \times 10^3\,\mathrm{kg/m^3}$ であるとする．

3.5　傾斜管圧力計で，測定値が $1.00 \times 10^2\,\mathrm{mm}$ であった．圧力差 $P_1 - P_2$ を求めよ．ただし，$S_2/S_1 = 0.001$，$\rho = 1.0000 \times 10^3\,\mathrm{kg/m^3}$，$g = 9.80\,\mathrm{m/s^2}$，$\alpha = 30.0°$ である．

3.6　常温で，ニコルソンの浮秤により液体の比重を求めたら，次のような結果であった．その液体の比重を求めよ．

> 浮秤の質量 = $6.00\,\mathrm{g}$
>
> 標線まで沈めるに要する分銅（水中）= $4.00\,\mathrm{g}$
>
> 標線まで沈めるに要する分銅（試料液体中）= $8.00\,\mathrm{g}$

3.7　常温で，ニコルソンの浮秤により固体の比重を求めたら，次のような結果であった．その固体の比重を求めよ．

> 試料なしのときの秤量 = $10.00\,\mathrm{g}$
>
> 分銅皿に試料を載せたときの秤量 = $7.00\,\mathrm{g}$
>
> つりかごに試料を入れたときの秤量 = $8.00\,\mathrm{g}$

第4章 温度，湿度等の測定

　長さの測定誤差の一つに熱膨張による温度誤差があることは，第2章ですでに述べた．温度管理の徹底は高精度計測技術において重要であり，そのために温度測定が必要だが，温度計測の重要性はそのようなことだけでなく，むしろ，温度情報そのものが計測における重要な測定項目になっている．したがって，測定器も多種多様なものが考案されている．

　温度という概念は，時間，空間，質量という基本計測量に優るとも劣らないほど大切であるが，日常，肌で感じ，なじんでいる割には，その本質は理解しにくいところがある．たとえば，真空状態において温度という概念はありえない．温度は"物質の熱力学的な状態量"であるから，何もないまったくの真空状態であれば，そこには温度という計測量は存在しない．そのようなことを考えると，漠然としていた温度の本質が少しは見えてくるのではないだろうか．

　この章では温度をはじめとして，それに関連する熱量，さらに気象観測などで温度とともに計測される湿度，および含水率の計測について述べる．

4.1　温度の測定

　温度の標準は，熱力学的な観点から定められている．温度は物質の熱力学的な状態を表す量で，すべての動きが静止した状態が**絶対零度**である．一般に，温度は空間的，時間的にある程度の広がりをもった場での熱平衡状態において定義されているものなので，数個の分子や電子に対しては，統計熱力学で定義される温度という概念は適用できない．

　熱力学の温度の単位**ケルビン**[K]は，表1.1に示したようにボルツマン定数により定義されるが，実際のトレーサビリティとしては"水の三重点(図4.1)の熱力学温度の1/273.16倍である"という解釈で問題ない．現在の**国際温度目盛**(ITS-90)は1990年に制定され，1次標準は水の三重点，水銀の三重点，インジウムの凝固点，すずの凝固点，亜鉛の凝固点を用いた温度定点実現装置で，不確かさは10^{-6}(包含係

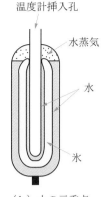

温度計挿入孔

水蒸気

水

水

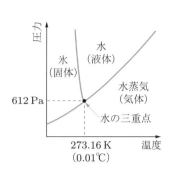

圧力

水
(液体)

氷
(固体)

水蒸気
(気体)

612 Pa

水の三重点

273.16 K
(0.01℃)

温度

（a）水の三重点セル
（提供：産業技術総合研究所）

（b）水の三重点
セルの断面図

（c）水の三重点

図 4.1　**水の三重点**

数 $k = 2$)である．2次標準としては，水の三重点装置，白金抵抗温度計，放射温度計，蒸気圧温度計が使われており，一番よく使われるのは白金抵抗温度計である．

　図 4.2 は，**セルシウス度**[℃]と絶対温度目盛である**ケルビン**[K]と温度の標準となる**水の三重点**を示している．

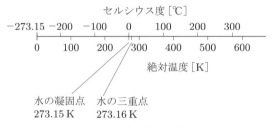

セルシウス度 [℃]

-273.15　-200　　-100　　　0　　　100　　　200　　　300

0　　　100　　　200　　　300　　　400　　　500　　　600

絶対温度 [K]

水の凝固点
273.15 K

水の三重点
273.16 K

図 4.2　**温度の目盛**

　"℃" は，1742 年にスウェーデンの天文学者セルシウスが考案した温度目盛で，そのときの案は次のようなものであった．なお，100 分度表示なので当初 "centigrade" ともよばれていたが，後年廃止された．

　　①　水の沸点を 0℃とする

　　②　水の凝固点を 100℃とする

　　③　その間を百等分する

　つまり，0℃と 100℃の定義が現在の逆で，そのように決めた理由は著者には不明であるが，その後現在の目盛に改められ，それがセルシウス度となって定着した．なお，沸点はもちろんのこと，水の凝固点も国際温度目盛の定義定点ではない．

　このように，温度の単位はケルビン[K]とセルシウス温度[℃]が用いられており，前者はSI基本単位として位置づけられ，後者は日常一般的に用いられる組立単位として定義されている．

　絶対零度が−273.15℃であり，水の三重点が+0.01℃と中途半端な数値になっているのは，実用単位がすでに定着しているところへ，理論が後からついていくという実態の一端が現れたものだといえる．

　また，水の三重点が温度の標準になっているのは，もう一つの状態量である圧力も含めてその状態が一義的に決まるからである．その点，水の凝固点は圧力によって変化するので標準としては適していない．

≫**4.1.1**　温度計の分類

　温度計には，測定対象に触れて測定する接触式と，離れて測定する非接触式がある．表4.1に代表的な温度計とその特徴をまとめた．

　図4.3に主な温度センサの種類と分類を示す．温度センサといっても，検出器から計測装置まで幅が広い．また，非接触式の温度センサである赤外線センサについては

表 4.1　**代表的な温度計とその特徴**

動作原理	温度計			測定範囲[℃]	精度または分解能[℃]	直線性	応答速度	記録性制御性	コスト
熱膨張	ガラス製	水銀封入		−38〜+650	0.1〜2	△	△	×	○
		アルコール封入		−80〜+70	1〜4	△	△	×	○
	バイメタル			−50〜+500	0.5〜5	△	×	○	○
圧力	液体充満式			−30〜+600	0.5〜5	△	△	○	○
	蒸気圧式			−20〜+350	0.5〜5	×	△	○	○
抵抗	白金			−260〜+1000	0.01〜5	○	△	○	×
	サーミスタ			−50〜+350	0.3〜5	×	△	○	△
熱起電力	熱電対温度計	熱電対JIS材料記号	R, S (PR)	0〜+1600	1〜3	△	○	○	×
			K (CA)	−200〜+1200	1.5〜9	○	○	○	△
			T (CC)	−200〜+350	0.5〜3	○	○	○	△
			J (IC)	−40〜+750	1.5〜6	○	○	○	△
熱放射	光高温計			+800〜+3200	2〜5	×	△	×	△
	光電放射温度計			+200〜+3000	0.1〜2	×	○	○	×
	熱型放射温度計			−50〜+1000	0.1〜3	×	○	○	×
	2色放射温度計			+150〜+3000	0.5〜2	×	○	○	×

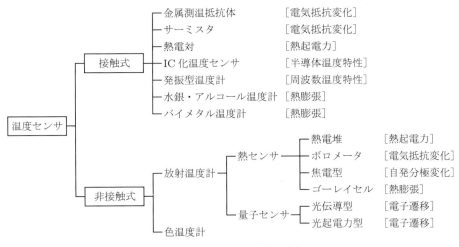

図 4.3　温度センサの種類と分類

第 8 章で述べているので，ここでは放射温度計としての記述にとどめる．表 4.1 一番下の熱放射を用いたものが，非接触式温度センサである．

　温度計は，それぞれの特徴をよく吟味し，用途に応じて選択することになるが，**選定評価項目**としては，次のようなものが挙げられる．

① 測定温度範囲
② 精度
③ 応答速度などの動特性
④ 測定点や測定面の範囲
⑤ 測定時間とその間隔（連続，間欠）
⑥ 記録・自動制御の可否
⑦ 対象物体に対する方式（接触・非接触）
⑧ 取扱い，保守の難易
⑨ コスト

≫4.1.2　膨張式温度計と圧力式温度計

　膨張式温度計と圧力式温度計は，体積または圧力が温度によって変化することを利用する温度計で，電気を使わないので，本質的に安全防爆計装に適している．したがって，プロセス計装用にかなり広く使用されている．とくに，下記のうち(2)〜(4)は，機械的に頑丈な構造にすることができるのでよく用いられる．

（1）　ガラス製温度計

　ガラス製温度計のうち，図 4.4 に示す棒状温度計は比較的丈夫で，広く使われてい

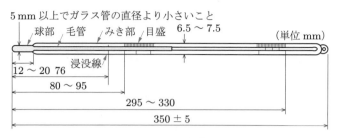

図 4.4　ガラス製温度計

る．封入された液体は，水銀あるいはアルコールで，前者のほうが精度が高いが，低温側の測定可能温度範囲が狭い．後者は着色できるので目盛が読みやすいが，ガラス管壁への付着などの問題で精度が劣る．

（2）　バイメタル式温度計

バイメタル式温度計は，膨張係数の異なる 2 種類の金属薄板を貼り合わせたもので，温度による変形で指針を動かす．簡単な記録，自動制御に便利で，丈夫である．図4.5 に基本構造とその原理を示す．図 4.6 は**つる巻状バイメタル温度計**の基本構造で，バイメタルの材料としては，黄銅と 34％ニッケル鋼（100℃まで），黄銅とアンバー（150℃まで），モネルメタルと 34〜42％ニッケル鋼（250℃以上）などがある．

（3）　液体充満式温度計

液体充満式温度計は，図 4.7 に示すような丈夫な容器に水銀などの非圧縮性の液体を密封し，体積変化をブルドン管などで圧力変化として計測する方式の温度計で，

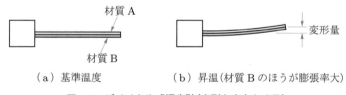

　（a）基準温度　　　　　　　　（b）昇温（材質 B のほうが膨張率大）

図 4.5　バイメタル式温度計（変形を出力とする）

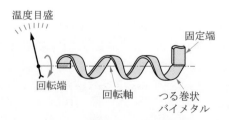

図 4.6　つる巻状バイメタル温度計

10 m 程度の遠隔指示が可能である．封入液体は水銀，エタノール，ケロシンなどである．

(4) 蒸気圧式温度計

蒸気圧式温度計は，液体の飽和蒸気圧の急激な変化を利用して温度を計測する方式の温度計である．図 4.8 の液体と気体の境界面の温度で蒸気の圧力が決まるので，測定箇所を限定できる利点があるが，目盛が不等間隔で測温範囲が狭い．封入液体はトルエン，エタノール，プロパン，n-ブタンなどである．

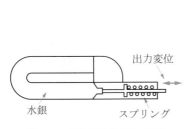

図 4.7 充満式温度計基本構造

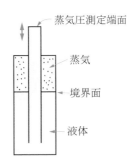

図 4.8 蒸気圧式温度計の感温部

≫4.1.3 熱電温度計

熱電温度計は**熱電対**(thermocouple)を検出端子として使用する温度計で，その構成は下記の 3 要素に分けられる．

① 温度信号の検出要素(熱電対，保護管，基準接点)
② 信号伝達要素(補償導線，銅導線)
③ 信号処理要素(計測器，指示計，記録計，調節計)

特徴は次のとおりである．

① 測定温度範囲が広い
② 小さい測定対象を計測できる
③ 比較的応答が速い
④ 比較的丈夫で取り扱いやすい
⑤ 記録・自動制御に適している

(1) 原 理

2 種類の金属導体の両端を電気的に接続して，図 4.9 のような閉回路を作り両端に温度差を与えると，回路に電流が流れる現象を利用している．1821 年にゼーベック(T. J. Seebeck)が銅とアンチモンの組合せで発見したので，**ゼーベック効果**といわれている．

図4.9　**熱電対の動作原理**（$t_2 > t_1$のときの電流の方向）

　熱起電力の大きさは，材料が均一で同じ組合せであれば，両端の温度差のみによって定まり，導体の長さや太さ，両端以外の部分の温度などには無関係である．したがって，一端の温度を一定温度（原則として0℃）に保てば，他端の温度をその熱起電力により測定できる．

（2）結線法

　結線法は図4.10に示すように，目的に応じていろいろな構成が考案されている．原理的には，**測温接点**から**基準接点**まで性質の均一な熱電対素線で構成されていることが望ましいが，高価な素線を使う場合，費用節約のため途中から**補償導線**を使うことになる．図(c)，(d)がその例である．また，図(b)では原則として基準接点を0℃に保つが，そうしない場合や図(a)，(c)，(d)のケースでは，基準接点の温度を測定してその温度を補正しなければならない．

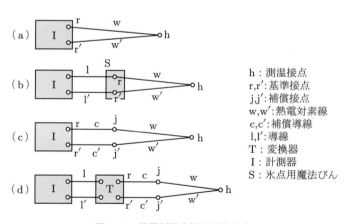

h：測温接点
r,r′：基準接点
j,j′：補償接点
w,w′：熱電対素線
c,c′：補償導線
l,l′：導線
T：変換器
I：計測器
S：氷点用魔法びん

図4.10　**熱電対温度計の結線方式**

（3）起電力測定

　抵抗による電圧降下を極力避けるために，回路にほとんど電流が流れない状態で電圧を測る必要がある．そこで，入力抵抗の高い電位差計，ディジタル型電圧計，自動平衡計器などが用いられる．

（4）保護管

　熱電対は，素線が破壊されたり化学的に侵されたりするのを防ぐため保護管に入れ

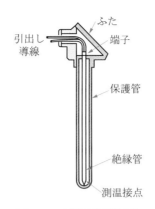

引出し導線

ふた

端子

保護管

絶縁管

測温接点

図 4.11 **工業用熱電温度計**

て使うことが多い. これは, 素線間の電気的絶縁を確保するためにもなる. 図 4.11 に工業用の熱電温度計の例を示す.

(5) 熱電対の種類と特性

表 4.2 に示すように, 熱電対は**貴金属熱電対**と**卑金属熱電対**に分類でき, 前者は融点が高く, 加工性と耐食性に優れ精度が高い. 後者は熱起電力が高く感度がよく安価である(表 4.3). いずれにしても特性をよくするために, 異種金属どうしの合金を用いることが多く, JIS C 1602-2015 では, 3 種類の貴金属熱電対と 5 種の卑金属熱電対を定めている. なお, JIS 規格は 1981 年に大幅に改正され, **国際電気標準(IEC 規格)** との整合がとられた.

(6) 劣化と寿命

熱電対素線は高温にさらされることが多いため, 種々のガスあるいは金属などとの反応による特性劣化の問題が生じる. 表 4.2 に各種熱電対の**常用限度**と**過熱使用限度**を示してある. 前者は裸の熱電対を大気中で連続使用できる温度の限度で, 後者は必要上やむをえない場合に短時間使用できる温度の限度である.

(7) 取付け方法および測定方法で生じる誤差

誤差の主なものは次のとおり.

① 挿入深度による誤差:通常, 金属保護管で直径の 15〜20 倍, 非金属で 10〜15 倍の深さにする. 浅いと外気や保護管に接した壁の影響で誤差を生じる.

② 応答遅れによる誤差:図 4.12 に示すような応答遅れがあり, これにより誤差が生じる.

③ 放射熱による誤差:熱電対端子部との温度差の大きな物が近くにあると誤差が生じる.

④ 高速気流による誤差:高速で流れている気体の温度を測定するとき, その中に

表4.2 熱電対の構成材料と許容差，常用限度，過熱使用限度（JIS C 1602-2015 抜粋）

分類	構成材料の記号	測定温度[℃]	クラス	許容差（測定温度とクラスに対応して設定している）	線径[mm]	常用限度[℃]	過熱使用限度[℃]
貴金属熱電対	B (PtRh$_{0.3}$, PtRh$_{0.06}$)	600～< 1700	2	測定温度の±0.25%	0.50	1500	1700
		600～< 800	3	±4℃			
		800～< 1700	3	測定温度の±0.5%			
	R, S (PtRh, Pt)	0～< 1100	1	±1℃ ±[1℃ + 0.003（測定温度 − 1100℃）]	0.50	1400	1600
		1100～< 1600					
		0～< 600	2	±1.5℃			
		600～< 1600		測定温度の±0.25%			
卑金属熱電対	N (NiCrSi, NiSi)	−40～< 375	1	±1.5℃	0.65	850	900
		375～< 1000		測定温度の±0.4%	1.00	950	1000
		−40～< 333	2	±2.5℃	1.60	1050	1100
		333～< 1200		測定温度の±0.75%	2.30	1100	1150
		−200～< −167	3	測定温度の±1.5%	3.20	1200	1250
		−167～< 40		±2.5℃			
	K (NiCr, Ni)	−40～< 375	1	±1.5℃	0.65	650	850
		375～< 1000		測定温度の±0.4%	1.00	750	950
		−40～< 333	2	±2.5℃	1.60	850	1050
		333～< 1200		測定温度の±0.75%	2.30	900	1100
		−200～< −167	3	測定温度の±1.5%	3.20	1000	1200
		−167～< 40		±2.5℃			
	E (NiCr, CuNi)	−40～< 375	1	±1.5℃	0.65	450	500
		375～< 800		測定温度の±0.4%	1.00	500	550
		−40～< 333	2	±2.5℃	1.60	550	600
		333～< 900		測定温度の±0.75%	2.30	600	750
		−200～< −167	3	測定温度の±1.5%	3.20	700	800
		−167～< 40		±2.5℃			
	J (Fe, CuNi)	−40～< 375	1	±1.5℃	0.65	400	500
		375～< 750		測定温度の±0.4%	1.00	450	550
		−40～< 333	2	±2.5℃	1.60	500	650
		333～< 750		測定温度の±0.75%	2.30	550	750
					3.20	600	750
	T (Cu, CuNi)	−40～< 125	1	±0.5℃	0.32	200	250
		125～< 350		測定温度の±0.4%			
		−40～< 133	2	±1℃	0.65	200	250
		133～< 350		測定温度の±0.75%	1.00	250	300
		−200～< −67	3	測定温度の±1.5%	1.60	300	350
		−67～< 40		±1℃			
	C (W/Re 5-26)	426～< 2315	2	測定温度の±1%	0.5	—	—

表 4.3 貴金属熱電対と卑金属熱電対の比較

分 類	貴金属熱電対	卑金属熱電対
長 所	a. 精度が高く，特性のばらつきが少ない b. 経時変化が少ない c. 高温測定可(1000℃以上) d. 耐酸化性，耐薬品性が優れている e. 電気抵抗が低い	a. 感度が高い b. 直線性良好 c. 高精度の補償導線がある d. 0℃以下の低温測定が可能 e. 還元性雰囲気で使えるものがある f. 安価
短 所	a. 感度が低い b. 直線性が悪い c. 補償導線の精度が悪い d. 0℃以下の測定不可 e. 還元性雰囲気での使用に適さない f. 高価 g. 熱の逃げが大きい	a. 貴金属に比べて耐酸化，耐薬品性がよくない b. 高温測定(1000℃以上)は不可(ただし，Mo，W は可) c. 経時変化が比較的大きく寿命が短い d. 特性ばらつき大 e. 電気抵抗が高い(銅を除く)

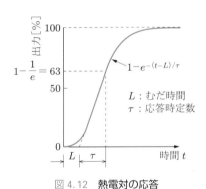

図 4.12 熱電対の応答

熱電対端子部を入れると，気体の圧縮や内部摩擦で熱を発生し，誤差となる.

⑤ **寄生熱起電力誤差**：熱電対から指示計までの導線間に温度勾配があると，寄生熱起電力が発生し，誤差となる. これは，異種金属の接合点および線の不均質性のために発生するものである.

　表面温度の測定では，被測温体の温度と一致させることが難しく，取付けに工夫が必要である. 取付け方法の具体例を，図 4.13，図 4.14 に示す. 細い配管内の流体温度測定では挿入深度が十分とれないので，誤差が生じることが多い. そこで，図 4.15 のような工夫をする. ダストの多い流体では，図 4.16 のように先端を切り欠いた保護管を用い，寿命と応答性の両方を考慮した取付け方法をとる.

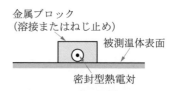

図 4.13　厚肉パイプの表面温度測定例　　　　図 4.14　板表面温度測定例

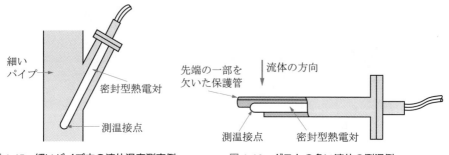

図 4.15　細いパイプ内の流体温度測定例　　　図 4.16　ダストの多い流体の測温例

≫4.1.4　抵抗温度計

　抵抗温度計は，−200〜600℃の温度範囲において，すべての温度計の中で最も精度がよい．温度を記録したり制御するのにも適しているので，熱電温度計についで広く用いられている．

（1）　原理と構成

　原理は，導体または半導体の電気抵抗が温度によって変わることを利用しており，各種抵抗温度計の温度特性は図 4.17 に示すとおりである．導体を使うものは，図 4.18 のような構造に，細長い金属の抵抗素線を支持して検出素子を構成している．半導体型では**サーミスタ**が一般的で，図 4.17 に示すようにいろいろな特性のものが開発されているが，通常は温度が上がると抵抗が下がる NTC が使われている．NTC はマンガン・ニッケル・コバルト・鉄などの酸化物の粉末を組み合わせ，焼き固めたもので，その形状は小さな球，棒，円板などとなっている．

　半導体型を分類すると下記のようになる．

① **NTC**（negative temp. coef. thermistor）：温度係数が負で，抵抗の急変はない．

② **PTC**（positive temp. coef. thermistor）：温度係数が正で，ある温度で抵抗が急増する．ただし，シリコン系はそのような変化はなく，単調増大特性である．

③ **CTR**（critical temp. resistor）：温度係数が負で，ある温度で抵抗が急減する．

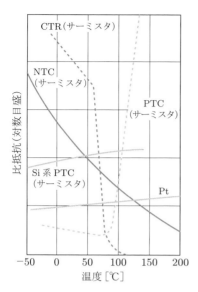

図 4.17 各種抵抗温度計の温度特性

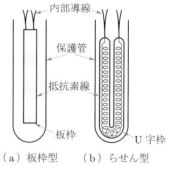

（a）板枠型 （b）らせん型

図 4.18 測温部

（2） 許容差

抵抗温度計の代表格である白金測温抵抗体では，図 4.19 に示すように，JIS 規格でその許容差が規定されている．

また，サーミスタ測温体では表 4.4 に示すような許容差が規定されている．

（3） 測定回路

ホイートストンブリッジ，ケルビンダブルブリッジなどのブリッジ回路を用いて，電位差計で抵抗変化を電圧に変換して測定する．要点はできるだけ電流を抑えること

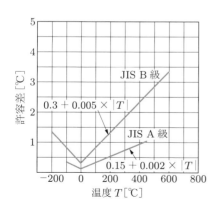

図 4.19 測温抵抗体の許容差
（JIS C 1604-2013）

表 4.4 サーミスタ測温体の許容差
（JIS C 1611-1995）

測定温度	階級	許容差	
−50〜100℃	0.3		±0.3℃
	0.5		±0.5℃
	1.0		±1.0℃
	1.5		±1.5℃
100℃を超えて 350℃まで	0.3	測定温度の	±0.3%
	0.5		±0.5%
	1.0		±1.0%
	1.5		±1.5%

で，そのためにいろいろな工夫がなされている．また，出力と温度とが直線性を保つように　リニアライズ補正回路などが採用されている．

　なお，図4.18に示したように，二つの抵抗素線端子のそれぞれに2本ずつ内部導線が結線されているが，これは素線に電流を流すための電流端子と，素線での電圧降下を測定するための電圧端子が別々に必要な場合があるためで，それを四線式結線という．また別に，三線式，二線式結線もある．

（4）　使用上の留意点

　熱電対の場合と同じように，表4.5に示すような留意が必要であるが，抵抗温度計の場合，**自己加熱**による誤差がある．そこで，0.5 mA，1 mA，2 mA の3種類の規定電流がJIS C 1604-2013で定められている．

表4.5　測温抵抗体使用上の留意点

分類	原因の分類	留意事項	分類	原因の分類	留意事項
測定精度関係	抵抗素子自身に起因するもの	自己加熱，抵抗による電圧降下，素線の劣化	耐環境性に関するもの	耐食性に関するもの	保護管材質（使用環境による）
	測定方法や装置に起因するもの	導線との接触抵抗，異種金属間寄生起電力，絶縁劣化，抵抗体設定位置不良		機械的強度に関するもの	保護管の太さや肉厚
					保護管の形状や構造

≫4.1.5　熱放射を利用した温度計

　被測定体に接触せずに熱放射量を測定して温度を計測する方法は，次のような利点があるが，被測定物体の放射率や大気吸収などの影響を受ける問題などがあり，注意しないと測定したい温度データが正しく得られないことがある．

　　①　遠くから測定できる
　　②　動いている物体の温度も測定できる
　　③　温度を測ろうとする対象に外乱を与えずに測定できる
　　④　一般に遅れが小さい

（1）　原　理

　熱放射パワー（分光放射輝度）は，その物体の温度と放射率に依存する．放射率が1の**完全黒体**の場合，**プランクの放射則**が成立する．

$$L_\lambda(T) = \frac{C_1}{\pi\lambda^5} \cdot \frac{1}{\exp(C_2/\lambda T) - 1} \tag{4.1}$$

ここで，L_λ：単位立体角・単位波長当たりに完全黒体の単位表面積から絶対温度 T

で放射されるパワー（**分光放射輝度**）．

$$C_1 = 2\pi c^2 h = 3.741\,771\,9 \times 10^{-16}\ \text{W·m}^2 \tag{4.2}$$

$$C_2 = \frac{ch}{k} = 0.014\,387\,79\ \text{m·K} \tag{4.3}$$

ただし，c：真空中の光の速度（$2.997\,924\,58 \times 10^8\ \text{m·s}^{-1}$），$h$：**プランク定数**（$6.626\,070\,15 \times 10^{-34}\ \text{J·s}$），$k$：**ボルツマン定数**（$1.380\,649 \times 10^{-23}\ \text{J·K}^{-1}$）．これを温度をパラメータにしてグラフに示すと，図 4.20 のようになる．

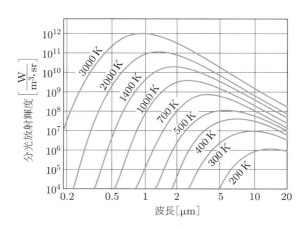

図 4.20　黒体の分光放射輝度

さらに，この放射パワーを全波長にわたって積分すると，次のような式になる．

$$L(T) = \frac{\sigma T^4}{\pi} \tag{4.4}$$

ここで，$L(T)$：温度 T での単位面積・単位立体角当たり放射パワー（**放射輝度**），σ：**ステファン−ボルツマン定数**（$5.670\,374 \times 10^{-8}\ \text{W·m}^{-2}\text{·K}^{-4}$）．

　放射測定に関する諸量を表 4.6 に示す．なお，放射発散度 M は放射輝度 L に半球の立体角を掛けるのだが，2π 倍ではなく π 倍である．つまり，$M = \sigma T^4$ で，これは放射強度が放射面に対して垂直の場合を基準として，それから傾いた方向の放射については，その傾きを θ とすると $\cos\theta$ に比例して減少するためである．詳細については，第 8 章の Coffee Break［放射立体角とその係数について］で述べる．

（2）　放射温度計の種類

　放射温度計は，波長帯によって 3 種類に分類できる．表 4.7 の広帯域放射温度計，狭帯域放射温度計，2 色温度計がそれである．そのほかに，1 次元または 2 次元温度分布が計測できる赤外線カメラがある．

表 4.6　放射測定に関する量

量の名称	慣用の記号 (国際照明学会)	定　義	単　位
放射エネルギー	Q	$Q = \Phi t$	J
放射束	Φ	$\Phi = dQ/dt$	W
放射発散度	M	$M = d\Phi/dS$	$\mathrm{W \cdot m^{-2}}$
放射強度	I	$I = d\Phi/d\Omega$	$\mathrm{W \cdot sr^{-1}}$
放射輝度	L	$L = dI/(dS \cdot \cos\theta)$	$\mathrm{W \cdot sr^{-1} \cdot m^{-2}}$
放射照度	E	$E = d\Phi/dA$	$\mathrm{W \cdot m^{-2}}$
分光放射エネルギー	Q_λ	$Q_\lambda = dQ/d\lambda$	$\mathrm{J \cdot m^{-1}}$
分光放射束	Φ_λ	$\Phi_\lambda = d\Phi/d\lambda$	$\mathrm{W \cdot m^{-1}}$
分光放射発散度	M_λ	$M_\lambda = dM/d\lambda$	$\mathrm{W \cdot m^{-3}}$
分光放射強度	I_λ	$I_\lambda = dI/d\lambda$	$\mathrm{W \cdot sr^{-1} \cdot m^{-1}}$
分光放射輝度	L_λ	$L_\lambda = dL/d\lambda$	$\mathrm{W \cdot sr^{-1} \cdot m^{-3}}$
分光放射照度	E_λ	$E_\lambda = dE/d\lambda$	$\mathrm{W \cdot m^{-3}}$

$t[\mathrm{s}]$：時間，$S[\mathrm{m^2}]$：出射面の面積，$\Omega[\mathrm{sr}]$：立体角，$\theta[\mathrm{rad}]$：放射角，$\lambda[\mathrm{m}]$：波長，$A[\mathrm{m^2}]$：照射面の面積

表 4.7　放射温度計の種類

分　類	原　理	検出器
広帯域放射温度計	熱電型	サーモパイル(TE)；サーミスタ(TC)；焦電素子
狭帯域放射温度計	光電型	光電管・光電子増倍管(PE)；PbS, GeAu, InSb(PC)；Si, InAs, InSb, HgCdTe(PV)
	光高温計型	光電子増倍管(PE)；肉眼
2色温度計	可視2色	Si(PV)；光電子増倍管(PE)
	赤外2色	PbS(PC)
パターン放射計 (1次元，2次元)	機械走査式	サーミスタ(TC)；InSb(PC, PV)；GeAu, HgCdTe(PC)
	電子走査式	赤外CCD，ショットキバリア素子(PV)；赤外ビジコン

TE：熱起電力，TC：熱導電，PV：光起電力，PC：光伝導，PE：光電効果

　また原理的な観点で分類して，検出器に光電効果素子を用いている場合と熱型素子を用いている場合とで区別することもできる．前出の表4.1ではそのような分類にしてある．主な放射温度計の性能を表4.8に示す．

① **光高温計**：光高温計に設置された電球のフィラメントの輝度を測定面輝度に一致させて目視により計測する(図4.21)．

② **シリコン放射温度計**：シリコン光電素子を検出器として可視域から近赤外域を中心に計測する(図4.22)．

③ **PbS放射温度計**：主として1〜3 μm の赤外域を計測する(図4.23)．

④ **サーモパイル放射温度計**：主として常温付近の測定に用いられ，受光した赤外線を効率よく熱吸収して，温接点の温度変化で起電力を出力している．そのため，熱容量を極小にするため薄膜に熱電対材を蒸着し，複数の熱電対を直列に配列し

表 4.8 主な放射温度計の性能例

分 類	サーモパイル放射温度計	サーミスタ放射温度計	焦電型放射温度計	PbS 放射温度計	光高温計	2 色温度計
測定範囲	50～1000℃	−50～1000℃	−50～1000℃	150～1000℃	800～3200℃	150～3000℃
検 出 器	サーモパイル	サーミスタボロメータ	焦電素子	PbS	肉眼	PbS, Si 等
波長範囲	0.6～20 μm	2～20 μm	2～15 μm	1～3 μm	0.65 μm	0.5～2.5 μm
測定距離	0.1 m～∞	0.1 m～∞	0.2 m～∞	0.1 m～∞	0.3 m～∞	0.2 m～∞
視 野 角	1～60°	1～12°	0.5～2°	0.2～1.2°	約 0.3°	0.3～12°
分 解 能	0.5～3℃	0.2～1℃	0.1～1℃	0.2～2℃	2～5℃	0.5～2℃
応答時間	0.1～3 s	0.01～1 s	0.2～5 s	0.01～1 s	数 min	0.2～3 s
出力信号	1～10 mV	10 mV～10 V	1 mV/℃	10 mV～10 V	メータ指示	10 mV～10 V
動作温度	5～45℃	0～50℃	0～50℃	0～50℃	15～45℃	0～50℃
電 源	電池(検出器には不要)	25～50 VA	電池またはAC 100 V	20～50 VA	電池	30～150 VA

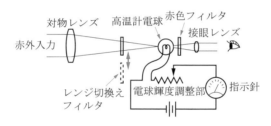

図 4.21 光高温計の構成

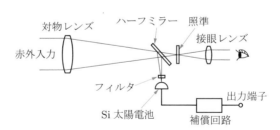

図 4.22 シリコン放射温度計の構成

て電圧出力を高めるようにしている(図 4.24).

⑤ **サーミスタ放射温度計**：常温付近の測定に用いられる.

⑥ **焦電型放射温度計**：常温付近の測定用. 温度分解能 0.1～1℃.

⑦ **2色温度計**：放射率に影響されずに温度の測定ができるよう，2波長で放射光を測定している.

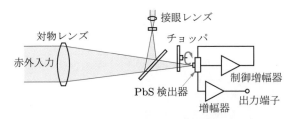

図 4.23　PbS 赤外線検出器による放射温度計の構成

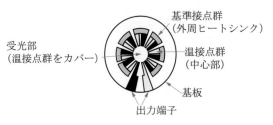

図 4.24　サーモパイルの構造の一例

⑧　**パターン放射計**：1次元，2次元パターン測定用．機械走査系で視野走査する
方式と，素子アレイ（複数の素子が1次元または2次元に配列されたもの）で測
定視野をカバーする電子走査方式がある（図 4.25，図 4.26）．

（3）　測定での注意事項

正確な温度測定の基本条件は，測定対象の放射輝度を正しく測定することと実効放
射率の正確な把握に尽きる．前者については，光路途中での吸収，散乱を抑え，かつ
迷光の影響を取り除くことが大切である．放射温度計の選択に当たっては，表 4.9 に
示すような測定仕様項目について検討し，その仕様に基づいて温度計の仕様を決めて
いく．

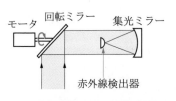
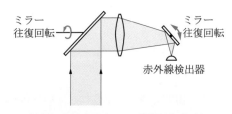

（a）1次元走査（ミラー回転方式）　　　　（b）2次元走査（ミラー往復回転方式）

図 4.25　視野走査機構の例

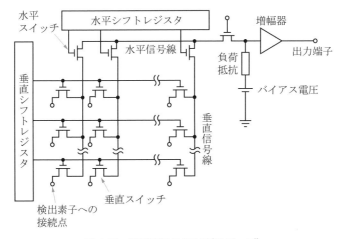

図 4.26 電子走査方式の例（Si チップ）

表 4.9 放射温度計選定のための検討項目

測定仕様項目	機器仕様項目
1. 測定対象：温度範囲，温度変化，表面状態	1. 検出器，応答速度
2. 要求精度	2. 温度分解能
3. 測定距離，視野	3. 視野角
4. 測定環境：水蒸気，粉塵，火炎，迷光	4. 保護窓，フード，測定波長
5. 設置場所：周囲温度，振動，浸水の有無	5. 防熱，防振，防水対策
6. 出力：温度表示方式，記録の要・不要	6. 出力信号，記録性
7. 簡易性：保守，校正	7. 特性直線性，放射率補正，ピーク保持機能
8. 費用：予算の枠	8. 価格，納期，予備品入手性

例題 4.1 1 辺が 10 cm の正方形の黒体表面が 1000 K のとき，その表面から放射される全波長にわたる電磁波の量（放射束）を計算せよ．なお，ステファン－ボルツマン定数は 5.67×10^{-8} W·m^{-2}·K^{-4} とする．

解 $\Phi = M \cdot S = \sigma T^4 \cdot S = 5.67 \times 10^{-8}$ W·m^{-2}·K$^{-4} \times 10^{12}$ K$^4 \times 10^{-2}$ m^2
$\qquad = 5.67 \times 10^2$ W

4.2 熱量の測定

≫4.2.1 熱量の単位

熱量の SI 単位は**ジュール**[J]である．**カロリー**[cal]は 1999 年 10 月以降，日本の計量法では用途を生理的熱量に限定する単位とされ，それ以外の使用が禁止されている．

1948年の国際度量衡会議で，"カロリーはできる限り使用しないこと．使用する場合ジュールの値を付記すること．"と決議された．したがって，国際単位系においては併用単位にもなっていない．なお，カロリーは圧力1atmで質量1gの水の温度を1℃上げるのに要する熱量で，温度によって異なる．

≫4.2.2   熱量計測法

熱量計測法としては，水のような液体に計測したい熱量を移して，その温度上昇を測ることによって測定する手法がとられている．

(1)   液体熱量計

液体熱量計は図4.27に示す装置で，固形試料の熱量を測定できる．測定精度の観点では液体Aと外気との断熱が大切で，空気層B，液層C，断熱容器Dの三層構成で熱の逃げを防いでいる．熱量は次式で表される．

$$Q = mC'(T - T_0) \tag{4.5}$$

ただし，m：液体Aの質量，C'：液体Aの比熱，Q：試料Sから液体Aへ移った熱量，T：試料S投入後の液体Aの温度，T_0：試料S投入前の液体Aの温度．

(2)   ボンベ熱量計

燃料研究所（現在の産業技術総合研究所）で開発されたボンベ熱量計は，図4.28のボンベに高圧の酸素を充填して，外部から電気的に燃料に点火して，水温の変化を測定し，その加熱・冷却曲線から放出エネルギーを解析により算出する．その結果，熱量を比較的簡便に高精度で計測できる．外側の水温を内部の水温に近づけてあるので，熱の逃げが少ない．

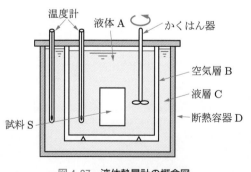

図4.27   液体熱量計の概念図

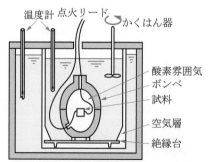

図4.28   ボンベ熱量計の概念図

4.3 湿度および含水量

》》4.3.1 湿度の定義

湿度を表す計測量はいくつかあり，その定義は次のとおりである．

（1） 絶対湿度

単位体積の気体の中に含まれる水蒸気の質量[kg/m³]である．

（2） 相対湿度

気体の中に含まれる水蒸気の質量 D と，その気体が含みうる最大質量 D_s との比を相対湿度といい，パーセントで表す．

$$H = \frac{D}{D_s} \times 100\% \tag{4.6}$$

（3） 露 点

ある相対湿度の気体を圧力一定のまま冷却していくと，ある温度以下では水蒸気が凝縮して露を生じる．この限界温度を露点という．

》》4.3.2 湿度計測法

（1） 伸縮式湿度計

毛髪などが湿度によって伸縮あるいは変形することを利用したもので，条件がよければ3%程度の精度が得られる．

（2） 露点湿度計

湿度を測定したい空気の露点を計測できれば，その露点の**飽和蒸気圧**がわかり，それはまさに測定対象の水蒸気圧 f[Pa]であるから，絶対湿度 D を次式で算出することができる．ただし，T_d[K]：露点．

$$D = 2.167 \times \frac{f}{T_d} \tag{4.7}$$

相対湿度は，その定義から観測対象の飽和蒸気量を D_s とすると，式(4.7)で得た絶対湿度 D と D_s のパーセント比で求めることができる．観測対象の気温を T[K]，その温度での飽和蒸気圧を f_s[Pa]とすると，D_s は $2.167 \times f_s/T$ なので，相対湿度は次式のとおりである．

$$H = \frac{D}{D_s} \times 100 = \frac{fT}{f_s T_d} \times 100 \tag{4.8}$$

ここで，f は観測対象の水蒸気圧で，露点 T_d での飽和水蒸気圧であり，f_s は観測対象の温度 T での飽和水蒸気圧である．

ニポルト(Nippoldt)湿度計は，エーテルの蒸発潜熱で水銀を冷却し，水銀表面の結露現象を確認して露点を測定するもので，その主要部は図 4.29 のような構造になっている．E から空気を送るとエーテル A は泡を立てて蒸発し，D から逃げる．G は水銀で，温度計 B により正確に露点を観測できる．C は水銀面の結露 F を観察するための鏡である．現在では，エーテルの代わりに電子冷凍素子を用い，鏡面の結露状態の観察には発光ダイオード(LED)とフォトダイオード(PD，光検出器)を組み合せた光検知デバイスを用いて，自動的に測定できるようにしている．

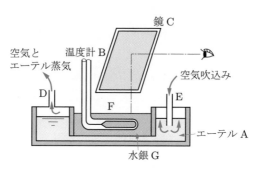

図 4.29　ニポルト湿度計主要部

例題 4.2　絶対湿度は，露点 T_d[K]とその露点での飽和蒸気圧，すなわち測定対象の水蒸気圧 f[Pa]がわかれば算出できる．その計算式を求めよ．なお，水の分子量は 18.015，1 mol の気体分子の体積は 22.414×10^{-3} m³ である．

解　0℃ = 273.15 K，1 気圧 = $1.013\,25 \times 10^5$ Pa のとき，体積 22.414×10^{-3} m³ の水蒸気の質量は 18.015 g なので，絶対湿度 D は次式で計算できる．

$$D = \frac{18.015 \times f \times 273.15}{22.414 \times 10^{-3} \times 1.013\,25 \times 10^5 \times T_d} = 2.167 \times \frac{f}{T_d}$$

(3)　乾湿球湿度計

乾湿球湿度計は一般に広く用いられている．図 4.30 はその一例で，湿球では水の蒸発により潜熱が奪われ温度が下がる．つまり，湿度が 100%のときは蒸発現象が起こらないので温度は低下せず乾湿球の温度差がゼロであり，湿度が低いと蒸発が盛んになり温度が低下して温度差が大きくなる．よって，その場所の空気中の蒸気圧は乾湿両球の温度を測ることにより，次のように算出できる．

$$f = f_s - A(T - T')P \tag{4.9}$$

ここに，f：乾球の示度 T における水蒸気圧，f_s：湿球の示度 T' における飽和水蒸気圧，P[Pa]：気圧，A：定数(乾湿計定数)．

A は風速により異なり，0.3 m/s で 8×10^{-4} ℃$^{-1}$，1 m/s で 7.2×10^{-4} ℃$^{-1}$，

3 m/s 以上では $6 \times 10^{-4} \text{℃}^{-1}$ である.

アスマン送風湿度計(図 4.31)は，この A が一定になるようにしてある．風速は約 3 m/s で，$A \cdot P = 60 \text{ Pa/℃}$ となる．この湿度計はドイツの気象学者アスマン (R. Assmann)が 1887 年に考案したものである.

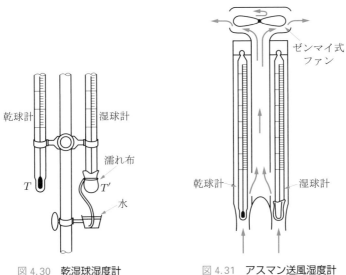

図 4.30　乾湿球湿度計　　　　　図 4.31　アスマン送風湿度計

(4)　赤外吸収式湿度計

水蒸気は特定波長帯の赤外線を吸収するので，赤外吸収率を計測することにより湿度を測定できる.

図 4.32 において，H は赤外放射源，m，M_1，M_2 は凹面鏡，P は赤外線検出器，S は遮へい板である．水蒸気による赤外吸収がないときの出力を V_0 とすると，水蒸気による減衰のあるときの出力 V は次式で得られる.

$$V = V_0 \exp(-kpl) \tag{4.10}$$

ただし，$p[\text{Pa}]$：水蒸気分圧，$l[\text{m}]$：測定空気中での光路の距離，$k[1/(\text{m}\cdot\text{Pa})]$：

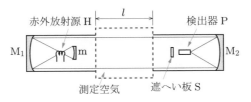

図 4.32　赤外吸収式温度計

定数.

　k は赤外波長によって異なり，吸収係数の大きな波長帯（1 μm 帯，3 μm 帯，6 μm 帯）を選定して決める．同図では省略してあるが，赤外線検出器の前に赤外フィルタを設置したり，赤外線検出器の波長選択特性を利用して，特定波長帯域で計測する．

≫4.3.3　含水量計測法

　湿度は空気中の水分を表す量であるが，含水量ということになると，これは空気だけに限らない水分になる．その代表的な計測例を次に記す．

（1）　電気容量の変化を利用

　水の誘電率は大きいので，含水量によって電気容量が大幅に変わる．そこで，図4.33 に示すような装置で共振回路の電流値変化を計測することにより，試料の含水量を測定できる．図の①，②は二つの電極構造を示しており，①は中心柱と外側円筒で，②は中間円筒で構成されている．応用例として，紙，タバコ，でん粉，穀物などの検査が挙げられる．

（2）　乾燥による水分の定量

　試料を 100～110℃ で加熱乾燥し，減量を測ることにより算出する．通常 2 時間ぐらい乾燥すれば，ほぼ完全に脱水する．

（3）　吸収法による水分の定量

　空気中の水分を測定する方法で，図 4.34 に示すような容器に入れた五酸化りん，塩化カルシウム，または濃硫酸のような吸湿性物質に吸収させて，その増量を計測することにより，水分を測定できる．

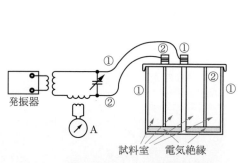

図4.33　電気容量測定による含水量計測法

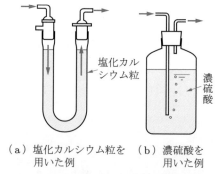

（a）塩化カルシウム粒を　（b）濃硫酸を
　　用いた例　　　　　　　用いた例

図4.34　吸収法による水分の測定
　　　　（吸収剤の重量増を測定する）

演習問題

4.1　正は○，誤は×とせよ．

① 2色温度計は広い温度範囲で精度がよい．

② 湿度は赤外計測では測定できない．

③ 抵抗温度計は最も広く用いられている．

④ ケルビンは，1気圧における水の凝固点と絶対零度で規定している．

⑤ 熱電対は高価なので，コスト低減のために補償導線と組み合わせて用いる．

⑥ 抵抗温度計は自己加熱の問題がある．

⑦ 白金抵抗温度計は抵抗が低いので，細く長い線を巻いて用いる．

⑧ 放射温度計はリモートセンシングの代表的計測機である．

⑨ 熱電対の途中に異種金属をつないでも，その部分が等温であれば熱起電力に影響ない．

⑩ 単独の均質な金属導体を局所的に加熱しても電流は流れない．

⑪ カロリーは，特定用途を除いて使用が禁止されている．

⑫ 含水量は電気容量で測定できる．

4.2　アスマン送風湿度計の特徴を述べよ．

4.3　300 K の常温黒体の表面 1 m^2 から放射される赤外放射量を次のとおり計算せよ．

① 10 μm での μm 単位波長当たりの量（分光放射発散度）．

② 全波長の赤外放射量（放射発散度）．

4.4　20℃，10.0 L の水に試料を入れたら，水温が 10.0℃上昇した．試料から水に移った熱量は何 J か．

4.5　気温 25.0℃で，露点が 20.0℃であった．絶対湿度と相対湿度を求めよ．ただし，それぞれの飽和水蒸気圧は，3.17×10^3 Pa，2.34×10^3 Pa である．

Topics　**人工衛星の姿勢制御用地球センサ**

　地球上にいる人間は，地球の重力で上下がわかり，太陽・星座を見たり，地球の磁極を利用した磁石を利用して，方向を知ることができる．それでは，宇宙空間で無重力にある人工衛星はどのように方向を知ることができるのであろうか．基準がないと衛星の方向や姿勢がわからない．基準として，太陽を利用した太陽センサ，特定の星を利用するスターセンサがある．地球を周回する人工衛星は地球を見て姿勢を検出する方法が考えられた．可視検出器も候補であるが，地球の満ち欠けがあり，定常的に使えない不便さがある．それを解決するのが，赤外線で見る地球である．炭酸ガスの赤外放射をとらえる 15 μm 帯の波長で見ると，地球は日夜関係なく丸い状態で見える．これを利用したのが赤外線検出器を用いた地球センサである．

　具体的に述べると，静止高度から見た地球は，図 4.35 に示すように視野角で直径約18°の大きさであり，その円周つまり地平線を検出して，姿勢を計測する．たとえば，

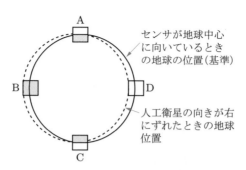

図 4.35　バランス型地球センサによる人工衛星の姿勢検出原理
（A，B，C，D は赤外線検出素子の視野）

4 個の検出器で地平線を見て，地球に正しく向いているときにすべての検出器の出力が同じになるように設定しておけば，もし姿勢が右向きになったとき，地球は相対的に左に寄って見えるので，B の信号が増え，D の信号が減る．

　このような方法で姿勢を計測するので，地球センサは**地平線検出器**ともよばれる．図4.36 は，人工衛星が自らスピンしている場合に使われる地球センサで，視野が二つあり，地球の北半球と南半球を図 4.37 のように走査して，**地球幅**を測定することで人工衛星の姿勢を計測している．人工衛星の姿勢が上（北）に偏れば，北半球の地球幅が狭くなる．左右（東西）は走査の基点を設定して，二つのセンサが地平線を横切るタイミングで計測できる．そして，昼夜に関係なく常に地球を丸く見たいので，太陽照射の影響を受けないよう，赤外放射計測技術を利用することになる．背景となる宇宙の温度は約3 K であるから，赤外放射はほとんどゼロである．一方，地球表面はほぼ常温で，10 μm 帯の赤外放射が最も強く，昼夜にかかわらず同じような信号が得られ，地球を丸く見ることができる．

　地球センサの精度は人工衛星によりその要求が異なるが，一般に角度精度として百分の数度から数分の 1 度であり，その精度を実現するためにいろいろな工夫がこらされている．

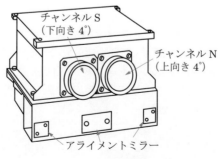

図 4.36　スピン型地球センサ

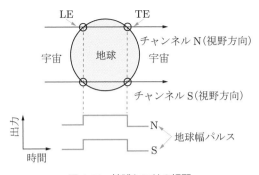

図 4.37　地球センサの視野

　赤外線検出器については，熱型で，常温で比較的簡便に使えるものが採用されている．
欧米ではサーモパイル，サーミスタなどが使われているが，国産の地球センサでは焦電
型素子を用いている．

　また，これらのセンサは，衛星部品と同様の厳しい機械，熱，放射線環境に耐える必
要があるため，地上で厳しい試験を行ってから衛星に搭載される．

第5章　真空度の測定

　第3章で圧力の測定について述べたが，それは大気圧（101 325 Pa）を基準にした比較的高い圧力の計測法であった．ここでは真空度の測定，すなわち，ごく低い圧力で，いわゆる圧力計では通常測定できない 100 Pa 以下の絶対圧力の計測について，代表的な4種類の真空計を取り上げて述べる．なお，そのほかに隔膜の弾性変形を電気容量変化として読み取る方式や，磁界で空間に浮かせた回転鋼球の回転数が気体の粘性抵抗で減衰するのを測定して圧力を求めるスピニングロータ方式などがあるが，ここでは紹介にとどめる．

5.1　マクレオド真空計

　マクレオド（またはマクラウド）真空計は機械的な真空計で，H. McLeod により 1874 年に発明された．図 5.1 に示すように，通常は水銀を用いて測る．水銀は比重が大きいので，圧力差の読取りの点では液柱落差が少なくて不利であるが，ガスの吸

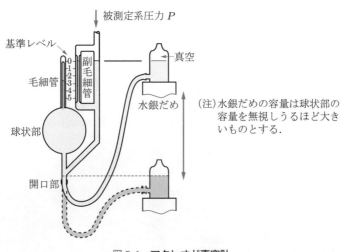

図 5.1　マクレオド真空計

収がなく化学的にも安定なため,計測精度はよい.真空の検出部は**真空ゲージ**とよぶことが多い.この真空ゲージでは凝縮性の気体,たとえば水蒸気などは測定できない.また,一般的に測定範囲は 10^{-3} Pa から 10 Pa 程度であるが,確実な測定ができるので,ほかの真空計の校正に用いられる.

測定手順は次のとおりである.

① 水銀だめを下げて,水銀柱が開口部より下になるようにする.

（これで真空計内すべてが測定したい真空度になる）

② 水銀だめを上げて,副毛細管の水銀柱が基準レベルになるようにする.

③ 毛細管に閉じ込められたガスの圧力と体積を測定する.

真空度は次式で算出できる.

$$p = p' \frac{V_A}{V_B} = p'a \cdot \frac{y}{V_B} \tag{5.1}$$

ただし,p：被測定系圧力,p'：圧縮時圧力(水銀柱落差で読み取れる),y：圧縮時に毛細管内に気体が占める長さ,a：単位長さ当たりの毛細管の容積,V_A：圧縮時に毛細管内に気体が占める容積,V_B：開口部から球状管,毛細管までの容積(約 500 cm^3).

ここで,圧力の単位を[mmHg]で求めるのであれば,水銀柱落差で読み取った圧縮時圧力が mm 単位でそのまま使える.基準レベルが毛細管の頂部と一致しているので,p' は y に等しく,式(5.1)は次のようになる.

$$p = a \cdot \frac{y^2}{V_B} \tag{5.2}$$

なお,水銀だめを例にして操作法を説明したが,実際は真空ポンプで水銀だめの上げ下げの操作を不要にして測定を容易にするよう工夫してある.

水銀柱を用いた真空度の単位である[mmHg]は,以前は真空工学で一般的に用いられてきたが,現在は Pa(N/m^2 = kg/(s^2·m))が用いられている.両者の関係は,1 mmHg = 133.322 Pa である.

 ## 5.2 クヌーセン真空計

クヌーセン真空計は,気体の入射による熱の移動を利用する真空計で M.Knudsen により 1910 年に発明された.図 5.2 に示すように,鏡と同一平面上に 2 枚の羽根が細い糸でつるされて,その羽根のそばに温度 T に維持された 2 枚の加熱板が設置されている.羽根と加熱板との間隔は,周囲の気体分子の平均自由行程より短くして,ガス分子が衝突するようにしてある.

板で加熱されたガス分子は,羽根を押して鏡の角度を変える.その力はガス密度に

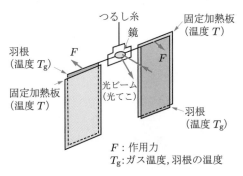

つるし糸
鏡
固定加熱板
(温度 T)
羽根
(温度 T_g)
F
F
固定加熱板
(温度 T)
光ビーム
(光てこ)
羽根
(温度 T_g)

F：作用力
T_g：ガス温度，羽根の温度

図 5.2　クヌーセン真空計

比例し，ガス圧すなわち真空度は次式で求めることができる．

$$p = \frac{4FT_g}{T - T_g} \tag{5.3}$$

ただし，F：羽根の単位面積当たりにかかる力（鏡の回転変位から算出できる），T_g [K]：ガスおよび羽根の温度．

　この真空計は，気体の分子量に無関係に**圧力の絶対測定**ができる．測定範囲は $10^{-6} \sim 1\,\mathrm{Pa}$ で，この領域ではほかの真空計の校正用として使える．

5.3　ピラニー真空計

　ピラニー真空計は，気体の熱の移動を用いる真空計である．気体の熱伝導度は広い範囲にわたって圧力に無関係であるが，100 Pa 以下になると圧力によって変化する．したがって，一定のパワーで加熱されている物体の温度を測定すれば熱伝導度を知ることができ，真空度が測定できる．具体的には，図 5.3 に示すようなフィラメント（白金またはタングステン）を二つ用意し，一つは基準として，両フィラメントの抵抗値比較により，気体への熱の逃げ，すなわち真空度を知ることができる．これをピラニー真空計といい，M.Pirani により 1906 年に発明された．測定される抵抗値はフィラメント温度に依存し，その温度はフィラメントからの熱損失に依存し，熱損失は気

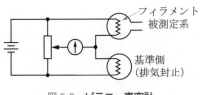

フィラメント
被測定系
基準側
(排気封止)

図 5.3　ピラニー真空計

体の圧力に依存している．ただし，この真空計は実験的に校正カーブを求めておく必要がある．測定範囲は 0.1〜100 Pa 程度である．

 5.4 電離真空計

電離真空計は気体の電離現象を用いたもので，図 5.4 に示すような 3 極真空管構成になっている．その原理は，加熱された陰極から i_g なる電流に相当する電子がグリッドへ流れ，そのとき気体分子がイオン化し，その正イオンが陽極に集められて，ガス圧力にほぼ比例した**プレート電流** i_p が流れる．

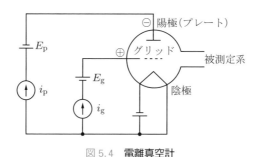

図 5.4 **電離真空計**

両者の比 i_p/i_g はガス圧力に比例し，次式が成立する．

$$p = K^{-1} \frac{i_p}{i_g} \tag{5.4}$$

ただし，K は比例定数で，真空計の感度になる．窒素の場合 $K \fallingdotseq 0.2$ であるが，厳密には気体によって異なるので，個々の真空計での校正が必要である．

測定範囲は 10^{-6} から 0.1 Pa である．特殊なタイプで 10^{-10} Pa 程度の高真空が測定できるものもある．

 演習問題

5.1 正は○，誤は×とせよ．
① クヌーセン真空計は圧力の絶対測定ができる．
② 電離真空計は圧力の絶対測定はできない．
③ ピラニー真空計はガスの圧力を直接測定できる．
④ マクレオド真空計はほかの真空計の校正に用いることができる．
⑤ 電離真空計はガスによって感度が異なる．

5.2　クヌーセン真空計で，$T_g = 30.0\,℃$，$T = 60\,℃$，$F = 5.00 \times 10^{-6}\,\mathrm{N/m}$ であった．真空度は何 Pa か．

5.3　マクレオド真空計で，水銀柱基準レベルを毛細管頂部に合わせて測定したところ，落差の読みは 3.0 mm であった．真空度は何 mmHg か．また，その値を Pa 単位に換算せよ．ただし，$V_B = 2.0 \times 10^2\,\mathrm{cm}^3$，$a = 2.0\,\mathrm{mm}^2$ とする．

5.4　クヌーセン真空計の真空度の式を導出せよ．

第6章　時間等の測定

　3次元の空間に"時間"という第4の軸が加わった4次元の世界が真の宇宙の姿であるといわれても，その姿はなかなか理解できるものではない．自分の立っている大地や満々と水をたたえる海が球体の表面にあるとは理解できなかった昔の人々を笑うことはできない．日常の暮らしに埋没していると，地球が丸いことすら実感できない．頭では理解していても，いつも見慣れている平面の世界地図で目測して，ついうっかり間違った判断を下してしまう恐れが無きにしも非ずである．

　交通機関の高速化により，地球の裏まで一飛びすることも可能になった現代では，そのような間違いはもはや許されないが，光速の世界は日常生活には縁の遠い存在なので，時間は時間として独立に計測しても差し支えない．この章では，時間に関係する"速度"，"回転数"，"振動"，"音"の測定についても述べる．

6.1　時間の測定

　時間の基本単位(秒)の定義には，地球の自転が用いられていたが，地球自転には季節変動などがあるので，地球の公転に基づく定義に変更され，さらに1967年にはセシウム(Cs)原子の固有の周期(時間)に変更された．時間の基本単位は，時間と周波数は表裏一体なので，**周波数標準**または**時間周波数標準**ともよばれている．時間には時間(間隔)，標準時(時刻)があり，わが国では国立研究開発法人産業技術総合研究所が時間，国立研究開発法人**情報通信研究機構**が主として**標準時**を担当している．

　現在は **GPS**(global positioning system)衛星に原子時計が搭載されており，1958年1月1日0時(経度0度)を起点とした**国際原子時**(TAI：international atomic time)が現示されている．このため，時間の標準はほかの標準と異なり，標準器を持ち運ぶことなく電波による高精度な比較が可能で，GPS受信機さえあれば，トレーサビリティの最上層に位置する標準を誰でも利用できる．時刻に関しては，地球自転の変動と永年減速のため，うるう秒で国際原子時と天文観測による**世界時**(UT：universal time)とを調整し，**協定世界時**(UTC：coordinated universal time)として

いる.

　時間標準は，不確かさが10^{-14}(包含係数$k = 2$)と非常に精度が高いが，さらにより高精度を求めて研究がなされている．日本から提案されたイッテルビウム光格子時計が，2012年フランスの国際度量衡局で開催されたメートル条約関連会議で新しい秒の定義候補(秒の2次候補)として採択された．これが実現されれば，精度はさらに1桁高くなる．

　時間の測定については二つの側面がある．一つは基準時間から刻々ときざまれていく**時刻**の測定であり，もう一つは**時間**(間隔)の測定である．日常は両者の区別を意識せずにいることが多いが，時刻と時間は計測法が異なる．そのような意味で，時計は次に示す二つの機能をもっている．いわゆる時計は時刻を示すものであるのに対し，ストップウォッチは時間の測定に用いられる．

　①　時刻の測定：基準の時刻に対し，刻々ときざまれていく時刻の測定．
　②　時間の測定：ふたつの時刻の間隔の測定．

　これらの測定には，**等周期現象**または**等速現象**を利用することになる．時計の等時性原理を理解するためには，振子の原理が重要である．等時性については，6.1.1項において説明する．

　時計の精度は，"1日何秒狂うか"という**日差**で表すが，標準時計では，"1×10^{-x}"と誤差率で表す．日差1秒の時計の誤差率は約1×10^{-5}である．

　1次標準としても原子時計が使われる．原子はセシウム，水素，ルビジウムなどであり，次の2種類に分けられる．

　① 原子共鳴現象で発信器の周波数を直接決める方式(ルビジウム原子)
　② 精度のよい水晶時計を原子共鳴周波数で校正しながら使う方式(セシウム原子，水素原子)

　以下に各種の時計について述べるが，時間標準は単位系の中で一番高精度であり，個人でもちうる時計でも，1次標準に準じる精度が得られるようになった．

≫6.1.1　振子時計の等時性

　図6.1に示すような振子の運動方程式を解くと，周期Tは次式で求められる．

$$T = 2\pi\left(\frac{l}{g}\right)^{1/2} \tag{6.1}$$

ただし，l：振子の長さ(支点から重心までの長さ)，g：重力加速度(約$9.8\,\mathrm{m \cdot s^{-2}}$).

　振子時計はゼンマイなどの動力を利用して歯車を回し，指針でその時刻を表示するものである．空気抵抗，支点での摩擦などに打ち勝つ力を加える仕組みをもつ．振子の周期性により等しい時を刻んでおり，日差0.01秒まで実現可能である．しかし，

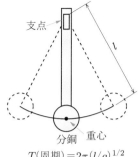

$$T(\text{周期}) = 2\pi (l/g)^{1/2}$$

図 6.1　振子の等時性

次のような問題点がある.
① 外部の振動の影響を受けやすい
② 携帯不可(振子を短くすると誤差が大きくなる)
③ 温度の影響を受ける
④ 気圧, 湿度の影響を受ける

≫6.1.2　時計の種類

　江戸時代は, 一年にわたって変化する日の出, 日の入を規準とした決まった時間のない不定時法の時代であった. しかし明治以降, 西洋文化が入ってきて, 定時法に変わってきた. 前項で示した機械的な等時性を利用した時計使われてきたのは, それからである. 数十年前までは, 振子を使った柱時計が家の中心に置かれていたものである. しかし振子を使う時計は, 外部の振動を受けやすい, 携帯ができない, 温度・気圧・湿度の影響を受けるなどの問題点があり, 持ち出しはできなかった.
　その後は, 小型化による腕時計が主流になった. はずみ車とゼンマイを組み合わせたテンプ時計, 音叉と電気発信機を組み合わせた音叉時計, 交流電源の商用周波数(日本では 50 Hz または 60 Hz)を基準とした電気時計, 水晶の固有振動数で発生した電気パルスを利用したクォーツ時計へと精度を上げながら進化してきた. さらにいえば, ゼンマイを巻いて動かす機械式から, 電池を使う方式, 最近では太陽電池を使う方式に変わってきている. 電気時計は家電製品に組み込まれており, TV 録画するときになどに使われている.
　ここでは, 現在主流になっているクォーツ時計と電波時計, および GPS 受信時計を中心に記述する.

(1)　クォーツ時計(水晶時計)
　水晶(quartz:クォーツ)の圧電特性を利用したもので, 固有振動数は 30 kHz から

数 MHz である．腕時計では 327 68 Hz（＝2^{15} Hz）のものが多く，日差 0.1 秒である．高精度の標準時計として使われているものは，誤差率 1×10^{-12} を実現している．半導体集積回路技術と液晶技術の進歩により，安価で精度のよい数字表示のディジタル時計が普及し，従来のアナログ（指針）表示方式とともに，現在の主流である．

(2)　電波時計

電波時計は，正確な時刻情報とカレンダー情報を乗せた**標準電波**を受信することにより自動修正し，受信していないときはクォーツ時計として時を刻んでいる．時刻情報は時，分，秒で，**カレンダー情報**は西暦の下 2 桁，1 月 1 日からの通算日数，曜日という構成になっている．最低 1 日 1 回は受信するので ±1 秒以内の精度があり，10万年に誤差わずか 1 秒という精度を誇るセシウム原子時計から生成される日本標準時を乗せた電波をキャッチして，正確な時刻を維持している．タイムコード情報である標準電波 **JJY** は，情報通信研究機構が運用しており，福島局（40 kHz）と九州局（60 kHz）から送信され，日本全土をカバーしてテレビやラジオの時報などに使われている．なお，JJY は無線局の識別信号，つまりコールサインであり略語ではない．

1986 年にドイツにおいて，標準電波を利用する電波時計が世界で初めて実用化され，従来の時計の常識を超える精度を実現し，その後イギリス，アメリカ，そして日本において次々に実用化されてきた．なお，標準電波は単なる時刻情報にとどまらず，非常時の情報提供やニュースなどのさまざまな情報を乗せることができ，現在も研究が進められている．

(3)　GPS 時計

GPS（global positioning system）は，人工衛星を使って地上の位置を正確に知ることのできるシステムである．位置割り出しのため高性能の原子時計を内蔵しており，1.2/1.5 GHz 帯の電波で時刻を含むデータを地上に送信している．最近，その受信機が非常に小型化・低電力化されたため，一般の時計にも使えるようになった．位置情報と時計情報のどちらか，あるいは両方併せ持った時計が世の中に出ている．位置情報からは，世界の現地時間を自動的に設定することができる．また，時刻を受信する場合は，いつでもどこでも正確な時刻を表示できるメリットがある．これに太陽電池を合わせると，何もしなくても非常に正確な時計が実現できる．

Coffee Break　時の記念日 ▪▪▪▪▪▪▪▪▪▪▪▪▪▪▪▪▪▪▪▪▪▪▪▪▪▪▪▪▪▪▪▪▪▪▪▪▪▪

　6 月 10 日は時の記念日である．われわれは 1 日を 24 時間と決めて人類共通の時間のものさしとしている．地球が自転してその 1 日が決まるのだが，その自転速度は一定不変なのであろうか．実は，地球の自転は決して一定不変ではない．それは実際には遅くなっており，1 日の長さは 100 年で 0.001 秒長くなっている．1 日は約 10^5 秒である

から，放っておくと 100 年後には 10^{-8} の誤差率になる．しかもそれだけではなく，季節による変動もあり，その変動は 1 日当たり約 0.5 ms で，0.5×10^{-8} の誤差率が 1 年に 2 回生じる．このような変動のため，原子時計による協定世界時と天文観測による世界時との調整が必要となり，うるう秒などが設けられている．

つまり，実生活では日の出，日の入りを無視した時間はありえないので，暦の世界時が使われていて，原子時計による人工的時系である協定世界時と 2 本立てになっている．両者の差は，うるう秒の制度により 1 秒未満に収まるように保たれている．

さて，1 年は 365 日と 1/4 日弱である．1 日は地球の自転により生まれるのだから，当然，地球は 1 年間に 365 回と 1/4 弱自転すると思われるであろう．ところが，実際は 366 回と 1/4 弱で 1 回余分に自転する．

なぜであろうか．もう，おわかりの方もいるだろう．地球の自転運動と公転運動は同じ回転方向なので，公転運動がちょうど自転 1 回分だけ逆に戻すように作用しているのである．

実際，地球は 23 時間 56 分で 1 回りする．地球自身の公転運動により，太陽が逃げた分は，残りの 4 分で追いつく状態になっている．なお，月は自転と公転が同じ周期なので，いつも同じ月面が地球のほうへ向いている．玄妙な自然現象に感じ入るばかりである．

6.2　速度・回転数の測定

≫6.2.1　速度の測定

速度は，移動距離とそれに要した時間を測定することによって計測できる．しかし一般には，回転数や回転速度の測定で速度を評価することが多い．たとえば，自動車の速度は車輪の回転速度を測定することによって割り出せ，直読ができるようになっている．

回転速度は，角速度 [rad/s] と単位時間当たりの回転数 [rpm, rps] の 2 種類があり，rad/s は SI 組立単位である．なお，SI 基本単位で表せば s^{-1} となる．

　　　rad/s：1 秒間の回転角

　　　rpm：1 分間の回転数(revolution per minute)

なお，1 秒間の回転数として **rps**(revolution per second)も使われる．

例題 6.1　回転速度の単位である rpm を rad/s 単位に換算する式を求めよ．

解　rpm は 1 分間の回転数なので，換算式は次のとおりになる．

$$1 \text{ rpm} = \frac{2\pi}{60} \text{ rad/s} = \frac{\pi}{30} \text{ rad/s} \fallingdotseq 0.105 \text{ rad/s}$$

≫6.2.2 回転速度計

(1) 電気回転速度計

起電力が回転速度に比例する発電機を利用した回転速度計で，最も多く利用されている．

(2) ハスラ型回転速度計

図6.2に示すような構成で，定速回転するカムにより，てこが3秒間つめ車から離れ，被測定回転系からの回転がかさ歯車で伝達され，その回転数が指針に表示される．測定精度は0.5％程度である．

(3) ストロボスコープ

図6.3に示すような図形を回転させ，ストロボスコープを用いて，照明を高速点滅して図形が静止して見える状態で，回転数を次式で算出する．

$$F = m \cdot n / k \tag{6.2}$$

ただし，F[回/秒]：点滅回数，n[rps]：回転体の回転速度，m：図形の角数または，周当たりの数，k：正の整数．

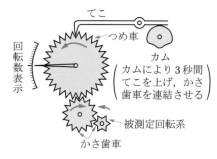

図6.2 ハスラ型回転速度計

(4, 5, 6, 8, 16, 32角の例)

図6.3 ストロボスコープ用図形

 6.3 振動の測定

振動計は，図6.4に示すようにおもりとばねと減衰器の構成で，次の2通りの方式で測定するようになっている．

≫6.3.1 変位振動計

変位型では，図6.4において振動おもりが**不動点**になるような条件にして振動面Bとの変位を計測する方式をとっている．

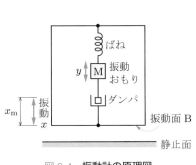

図 6.4 振動計の原理図

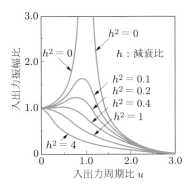

図 6.5 入出力振幅比特性

≫6.3.2 加速度振動計

加速度型は振動おもりの**ゆれ量** y が，振動面 B の加速度に比例する条件で計測する振動計である．ゆれ量 y は次式で求められる．

$$y = \frac{x_{\mathrm{m}} \sin(pt - \delta)}{\{(u^2 - 1)^2 + 4h^2 u^2\}^{1/2}} \tag{6.3}$$

$$u = \frac{\omega}{p} \tag{6.4}$$

$$h = \frac{R}{\omega} \tag{6.5}$$

$$\delta = \tan^{-1}\left(\frac{2hu}{u^2 - 1}\right) \tag{6.6}$$

ただし，x_{m}：振動面 B の振幅，u：入出力周期比，h：**減衰比**，p：振動面 B の振動角周波数，t：時間，δ：位相差，ω：振動おもり系の**固有振動**角周波数，R：減衰器の**抵抗係数**．

変位振動計では $u \ll 1$ の条件に設定してあり，図 6.5 から出力振幅と入力振幅の比がほぼ 1 で，図 6.6 から位相差 δ が 180° であることがわかる．したがって，式 (6.3) は

$$y = -x \tag{6.7}$$

となる．ただし，$u \ll 1$ とはいっても，実際は $u < 1/3$ 程度である．

次に加速度振動計では，$u \gg 1$ の条件で $\delta \fallingdotseq 0$ となっているので，式 (6.3) の右辺の分子，分母に u^{-2} を掛け，次のように書き換えられる．

$$y = \frac{x_{\mathrm{m}} u^{-2} \sin pt}{\{(1 - 1/u^2)^2 + 4h^2/u^2\}^{1/2}} \tag{6.8}$$

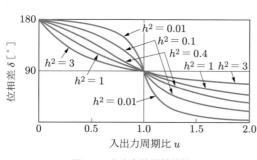

図 6.6 入出力位相差特性

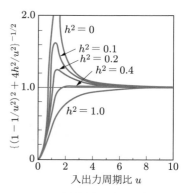

図 6.7 加速度振動計の解析図

図 6.7 より，$u \gg 1$ のとき $\{\ \}$ 内はほぼ 1 なので，

$$y = x_m u^{-2} \sin pt = x_m p^2 \omega^{-2} \sin pt \tag{6.9}$$

と単純化できる．振動面 B の加速度は次式のとおりで，

$$\frac{d^2 x}{dt^2} = \frac{d^2}{dt}(x_m \sin pt) = -x_m p^2 \sin pt \tag{6.10}$$

式(6.9)，(6.10)から次式が得られる．

$$y = -\frac{1}{\omega^2}\left(\frac{d^2 x}{dt^2}\right) \tag{6.11}$$

よって，振動おもりのゆれ量 y は振動面の加速度に比例することがわかる．

≫6.3.3 電気的振動計

　電気的振動計は，振動を電流，電圧の変化に変換してから電流計，電圧計あるいはオシログラフなどで記録，表示する振動計で，次のような特徴がある．

① 遠隔測定が容易である

② 高倍率を得ることができる

③ 小型で使いやすい

④ 応答特性がよい

⑤ 振動分析(周波数分析)が自動的にできる

　具体的には，**差動変圧器型振動計**(図 6.8)，**半導体ゲージ型振動計**などがある．前者は，フェライトコア製の振動おもりの変位に対応して，差動変圧器に起電力が発生し，それが信号となる．後者については，Ge や Si などの半導体ゲージを用い，ひずみによる抵抗変化を利用して変位量を検出している．なお，図 6.9 に示すような圧電素子を用いた小型振動センサも実用化されている．このセンサは素子のばね定数が非

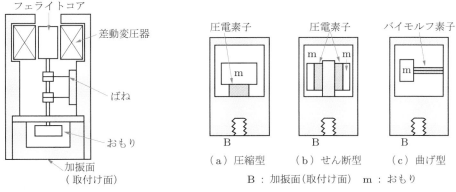

図 6.8 差動変圧器型振動計
（変位振動計）

図 6.9 圧電素子による小型振動センサ

常に高いので，固有振動数が高く加速度振動計に属する．

≫6.3.4 振動計の校正

（1） 静的校正

振動数が低い場合，きれいな波形の正弦波を得ることが困難なので，静的に校正することが多い．角度 θ だけ傾斜させる（図 6.10）と，加速度計には次式の加速度が加わる．

$$g_{\mathrm{H}}(\text{水平}) = g\left(1 - \frac{\rho_{\mathrm{o}}}{\rho}\right)\sin\theta, \qquad g_{\mathrm{V}}(\text{垂直}) = g\left(1 - \frac{\rho_{\mathrm{o}}}{\rho}\right)\cos\theta \qquad (6.12)$$

ただし，g：重力加速度で $9.8\,\mathrm{m/s^2}$，ρ と ρ_{o}：おもりとダンパオイルの比重．

このように，θ をパラメータにして加速度と出力との関係を求めることで校正ができる．

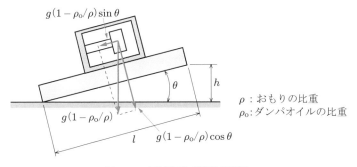

図 6.10 加速度計の静的校正法

(2) 動的校正

式(6.11)の条件($u \gg 1$)で，加速度 d^2x/dt^2 と出力の関係を調べることにより，動的校正ができる．感度は変位対加速度の比例定数 ω^{-2} と出力対変位の比の積，すなわち出力対加速度の比で定義される．

≫6.3.5 振動レベル計 ────────────────────────────

振動レベル計は公害となる振動の測定用で，人間にとって耐えられるかどうかの判定をするための計器である．

人体の振動感度を考慮した振動レベル V_L は次式で定義されている．

$$V_\mathrm{L} = 20 \log\left(\frac{a}{a_0}\right) [\mathrm{dB}] \tag{6.13}$$

ただし，$a\,[\mathrm{m/s^2}]$：**振動感覚補正をした振動加速度実効値**，$a_0\,[\mathrm{m/s^2}]$：**基準振動加速度**（人体が感じ取ることのできる最低レベル，$10^{-5}\,\mathrm{m/s^2}$）．

ここで dB はデシベルと読み，基準レベルとの比の常用対数の 20 倍と定義されており，基準レベルの 10 倍であれば 20 dB，100 倍であれば 40 dB となる．

補正特性は図 6.11 に示すとおりで，水平，垂直で異なる．

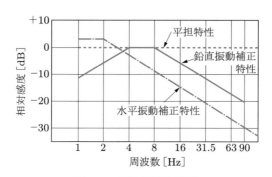

図 6.11 **振動感覚補正特性**

 6.4 音の測定

音の強さである**音圧レベル**は $20\,\mu\mathrm{Pa}$ を**基準音圧**として，次式で定義されている．

$$音圧レベル = 20 \log\left(\frac{P_\mathrm{e}}{2 \times 10^{-5}}\right) [\mathrm{dB}] \tag{6.14}$$

ただし，$P_\mathrm{e}\,[\mathrm{Pa}]$は**音圧実効値**である．

音の強さ $I\,[\mathrm{W/m^2}]$ との関係は次式で表せる．

$$I = \frac{P_{\mathrm{e}}^2}{\rho c} \tag{6.15}$$

ここで，ρc は音が伝わる媒体の**音響インピーダンス**で，媒体が空気の場合約 400 kg・s^{-1}・m^{-2}（= Pa^2・m^2/W）であり，基準音圧 20 µPa を上式の分子に入れると，その強さは，10^{-12} W/m^2 になる．なお，ρ は媒体の密度で，空気では約 1.2 kg/m^3，c は音速で空気中では約 330 m/s である．

≫6.4.1　音の大きさのレベル

人間が感じる音の強さを"音の大きさ"といい，単位には 1000 Hz 純音の音圧レベルに換算して定義された phon が使われてきた．しかし，国際単位系への移行に伴い，現在では，デシベル表示に統一されている．人間の耳は音の高さと大きさによって感度が異なるので，それを考慮して評価しなければならない（図 6.12）．

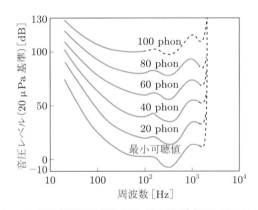

図 6.12　音の等感度曲線（1 kHz 純音基準）（ISO 226-2003）

≫6.4.2　音量計

音量計には JIS 規格で定められた**騒音計**があり，その**周波数補正回路**は，耳の感覚に合うように設計された A 特性，および，ほぼ音圧レベルを示す C 特性に対応するようになっており，そのほかに平坦特性もある．A 特性は 40 phon の特性曲線に近く，C 特性は 85 phon の特性曲線に近いと考えられ，音量に応じて使い分けていたが，その後音量の大きい場合でも，A 特性が人間の感覚に対応していることが確認されている．図 6.13 に周波数重み付け特性を示す．なお，種々の音量の典型的な例を表 6.1 に示す．

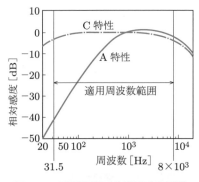

図 6.13　周波数重み付け特性（騒音計）
（JIS C 1509-2017）

表 6.1　種々の音量の典型的な例

分　類	音源（距離：m）	デシベル
苦痛限界を超えた領域	ロケットエンジン	180
	超音速の衝撃	160
最大可聴レベル		130
可聴レベル領域	砕削用ハンマ（1）	110
	地下鉄　　　（6）	100
	列車の警笛　（150）	90
	交通騒音　　（30）	70〜80
	会話　　　　（1）	60
	住宅	50
	放送スタジオ	20〜30
最小可聴レベル		0

演習問題

6.1　正は○，誤は×とせよ．

①　加速度振動計は振動おもりが不動点になるような条件で計測する．

②　原子時計は，水晶時計と組み合わせて使うこともある．

③　基準音圧は人間が感じる最低レベルで 10 µPa である．

④　1 rpm は，rad/s の単位に換算すると π/60 である．

⑤　水晶発振器の周波数を基準にした時計の校正において，1×10^{-9} より高精度を出すのは困難である．

6.2　50 Hz のネオンランプで，30 点星形が静止するための最低回転数は何 rad/s か．

6.3　変位振動計と加速度振動計の違いを述べよ．

6.4　基準音圧はどのような考えで決められているか．

第7章　流量等の測定

　液体や気体のような流体が移動する速度を流速といい，流体の移動する量（体積や質量）を流量という．日常ではあまり目に触れることのない計測量であるが，なじみのうすい割には重要で，家庭においてはガスや水道の流量が測られているし，ガソリンスタンドでも流体燃料の積算量が計測されている．また，化学プラントのパイプラインには必ずといってよいほど流量計が設置されているし，気象観測での風速測定も流量計測の一種であり，ガスを使う科学実験では，圧力とともに流量測定は欠かせない．この章では，流量とともに流体に特有の計測量である粘度の測定についても述べる．

 7.1 流量の測定

　冒頭で述べたように，流量には**体積流量**と**質量流量**があり，さらに**瞬間流量**と**積算流量**に分類できる．

　流体の流れには**層流状態**と**乱流状態**があり，断面が円形の管路内の流れが層流のときは中心部の流速の 1/2 が**平均流速**となる．したがって流量計測では，層流と乱流どちらの状態かを判断することが重要である．

　流れの状態は，流体の密度と粘度および管の直径によって左右され，次に示す**レイノルズ数**でほぼ判定できる．

$$Re = \frac{4\rho Q}{\pi \eta D} \tag{7.1}$$

ただし，Q：流量，ρ：流体の密度，η：流体の粘度，D：管の直径．

　$Re \leq 2300$ では層流（**低臨界レイノルズ数**）で，$Re \geq 5000$ では乱流（**高臨界レイノルズ数**）になるといわれている．管壁の状態によっても違ってくるので明確な区別はできないが，一つの目安と理解すればよい．

≫7.1.1　流量計測法の分類

流量測定に用いられる主な原理は，次のとおりである．

① 流れの中の障害物の前後に生じる圧力差の測定
② 流れの中の高温物体の冷却率の測定
③ 超音波，電磁起電力などの利用
④ 流れの中の物体にはたらく力の利用
⑤ 一定時間内の流量の直接測定
⑥ 流れに生じる渦の測定

　このうち，①〜③ については次項以降に述べる．④ は**風車式風力計，風杯風力計，タービンメータ**などがある．⑤ は既知容積の升で流れた量を直接測定する方法で，⑥ は流れに生じる渦から流速を測定する方法である．

　表 7.1 に代表的な各種流量計の特徴を示す．

表 7.1　流量計の代表例

流量計の分類		計測量	出力指示内容
障害式	オリフィス ベンチュリ ピトー	流速	差圧
冷却率方式	熱線風速計	流速	電圧（抵抗変化）
物理現象利用方式	超音波流量計	流速	電圧（ドップラー効果等）
	電磁流量計	流量	電圧（電磁起電力）
抗力効果	ロータメータ	流速	浮子の位置
	タービンまたはプロペラ	流量	電圧（発電機）
容積式		流量	流体重量
渦流式	カルマン渦式 フルイディック式 スワール式	流速	渦発生周波数 流体の振動現象 軸流渦巻回転数

≫7.1.2　流量計

　以下に述べる流量計のうち，(1)〜(3)の**差圧流量計**は構造が簡単で，可動部がほとんどないため，耐久性が高く安価である．また，絞りの面積を変えるだけで，測定範囲を容易に変えることができ便利であるが，流れが乱れていたり，脈流があると誤差を生じやすく，高い精度は望めない．

(1)　ピトー管と静圧管

　図 7.1(a)のガラス管の開放端を流れに向けると，流れはここでせき止められ，静圧に動圧を加えた圧力が作用する．これを P_P とすると，次式で流速を求めることができる．

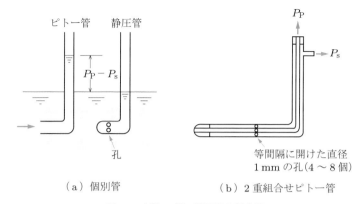

（a）個別管   （b）2重組合せピトー管

図 7.1   **ピトー管，静圧管の組合せ**

$$v = \left\{ \frac{2(P_P - P_s)}{\rho} \right\}^{1/2} \tag{7.2}$$

ただし，P_P：ピトー管の圧力，P_s：静圧管の圧力，ρ：流体の密度.

　ピトー(H.Pitot)は，1732 年に初めてこの管のみを用いて液体の流速を測った．同図の場合は静圧は測るまでもないが，実際には外から測定するときに液面が見えない場合があり，また気体の流速測定では圧力を決める境界面が存在しないので，静圧管が必要である．そこで，端部を閉じてそこから管直径の 4～6 倍離れた位置の管側面に数個の孔を開けたものを静圧管として用いる.

　図 7.1(b)の管は 2 重になっていて，内部がピトー管で外部が静圧管になっており，**ピトー静圧管**とよばれている．これは，液体よりも気体の流速測定に適している．流れの中で静圧を測定することは案外難しく，このようにかなり工夫を凝らした静圧管が用いられている.

(2)　ベンチュリ管

　図 7.2 は，ピトー管と中央にくびれをもつベンチュリ管を組み合わせたもので，くびれ部で流速を拡大でき，遅い流速の測定に適した構造になっている．流速は，式(7.2)を若干補正した次式で得られる.

$$v = \frac{\{2(P_1 - P_2)/\rho\}^{1/2}}{(1 - m^2)^{1/2}/m} \tag{7.3}$$

ただし，$m = A_2/A_1$：管の断面積比（絞り面積比），P_1 と P_2：絞り前と絞り後の圧力，ρ：流体の密度である．もし，$m \ll 1$ ならば，$v = m\{2(P_1 - P_2)/\rho\}^{1/2}$ となる.

　ベンチュリ管は流体の粘性や圧縮の影響が大きく，むしろピトー静圧管に感度のよい圧力計を組み合わせたほうが測定精度がよいが，ピトー静圧管は読み出し圧力がベンチュリ管のように高くはないので，微小圧を精度よく測定する工夫が必要である.

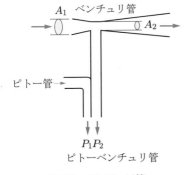

図 7.2　ベンチュリ管

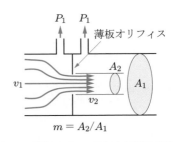

$m = A_2/A_1$

図 7.3　薄板オリフィスによる流れの絞り

(3)　薄板オリフィス

図 7.3 のように流れの中に絞りを入れれば，その前後で圧力差を測ることにより流速は測定できる．このように薄板で絞りを入れるので，薄板オリフィス(orifice：開口部)といい，簡単で取付けも容易なので広く使用されている．流量はベンチュリ管の場合の式をさらに補正した形で算出する．

$$v = \frac{\tau\{2(P_1 - P_2)/\rho\}^{1/2}}{(1 - m^2\mu^2)^{1/2}/m\mu} \tag{7.4}$$

ただし，μ：**縮流係数**，τ：**速度係数**(粘度の影響)，ρ：流体の密度．

ここで，$v = \alpha m\{2(P_1 - P_2)/\rho\}^{1/2}$ とすると，

$$\alpha = \frac{\mu\tau}{(1 - m^2\mu^2)^{1/2}} \tag{7.5}$$

となり，これを**流量係数**という．ここで，$m^2\mu^2 \ll 1$ がほぼ成立するので，$\alpha \fallingdotseq \mu\tau$ で略算でき，流量計が同一であれば，流量係数は流体の性質のみで決まることになる．計測精度の観点から，α は 1 に近いことが望ましい．

式(7.4)とその変形式から明らかなように，α が小さいということは差圧値がそれに見合った分だけ大きくなければ同じ流量にならないわけで，必要な差圧積み増し分は圧力損失とみなすことができ，それは流れの状態を乱していることに通じる．当然のことながら，差圧流量計の構造によっても流量係数は大きく異なり，薄板オリフィスでは 0.6 程度で，圧力損失が大きい．一方，ベンチュリ管ではほぼ 1 に近い値になり圧力損失は少ないが，薄板オリフィスより高価で取付けが面倒である．

(4)　ロータメータ

図 7.4 の原理図に示すように，上部を太くした**テーパ管**の中で**浮子**を流れに浮かせて，その高さの位置で流量を測定できる．実際のメータは外観図のような構造で，浮子の重力を一定に保ち，流量と流路面積の関係から流量を測定する面積式流量計であ

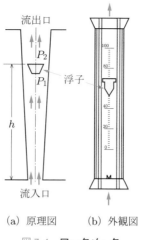

流出口

P_2

浮子

P_1

h

流入口

（a）原理図　　（b）外観図

図7.4　ロータメータ

る．したがって，流体・気体などの種類が異なると目盛が異なるので，各ガス専用目盛で流量表示される．

流量の計算式は次のとおりである．

$$Q = A\alpha\left\{\frac{2(P_1 - P_2)}{\rho}\right\}^{1/2} \tag{7.6}$$

ただし，A：浮子とテーパ管壁とのすき間の面積，α：浮子の形状，管壁の表面状態，流体の性質などで決まる流量係数，ρ：流体の密度．

ここで，

$$P_1 - P_2 = \frac{W}{F} \tag{7.7}$$

ただし，W：浮子の重量，F：浮子の最大部分の断面積．

αとρは一定として，AとQは比例関係にある．Aは浮子の高さに比例しており，その高さ目盛で読み取れるよう，あらかじめ流量と浮子の高さ位置との関係を求めておけばよい．

（5）　電磁流量計

図7.5に示すとおり，流体に磁場をかけ，流体に生じる電圧を測定することにより，流量を計測できる．この方法は流体の粘度の影響がなく，圧力損失が少なく，多少固形物が混入しても故障を起こさず，大流量を正確に測定できるなどの特徴があるが，水，液体金属などの導電流体に限られる．流量Qは次式で求めることができる．

$$Q = \frac{10^4 AE}{BD}\,[\mathrm{cm^3/s}] \tag{7.8}$$

ただし，$A[\mathrm{cm}^2]$：管の断面積，$E[\mathrm{V}]$：流体に発生する起電力，$B[\mathrm{T}（テスラ）]$：磁界の磁束密度，$D[\mathrm{cm}]$：流体内の端子間距離.

(6) 超音波流量計

超音波計測法におけるドップラー効果や伝ぱん速度の差を用いて流量を測定することができる．**伝ぱん速度差法**は図7.6に示すように，超音波送受信器を2組設定し，流れの上流と下流間で超音波の送受信を行う方法で，流れに逆らう方向は遅れ，順方向は早まるので，両者の差で流速vを求めることができる．この流量計は導電性流体に限定されることはないが，流れが乱れているときは誤差を生じやすい.

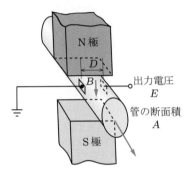

図7.5　電磁流量計原理図

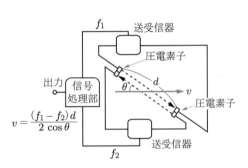

$$v = \frac{(f_1 - f_2)\,d}{2\cos\theta}$$

図7.6　超音波流量計原理図

(7) 熱線風速計

電熱線に風が当たると熱が奪われ冷却される．奪われる熱量は流速の平方根に比例するので，その熱損失から風速を求めることができる．ただ，対流と輻射による熱損失が含まれるので，単なる理論式だけからでは求めることはできず，機器に固有の校正定数が必要になる.

図7.7で，熱線に流れる電流iは，ポテンショメータの電圧から算出でき，熱線の抵抗R_wは，ブリッジ回路から決定できる．図7.8に熱線の構造例を示す．同図(a)ではAの部分，同図(b)ではa，b，cの部分が白金またはニッケル製の熱線になっている．ここで，測定項目はiとR_wであるが，通常はどちらかを一定にして計測する.

流速vは次式で得られる.

$$v = \left(\frac{aq}{T_\mathrm{w} - T_1} - b \right)^2 \tag{7.9}$$

$$q = i^2 R_\mathrm{w} \tag{7.10}$$

$$T_\mathrm{w} = \frac{R_\mathrm{w} - R_0}{\alpha R_0} + T_0 \tag{7.11}$$

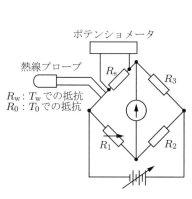

ポテンショメータ

熱線プローブ

R_{w}：T_{w} での抵抗
R_0：T_0 での抵抗

図 7.7　熱線流量測定回路

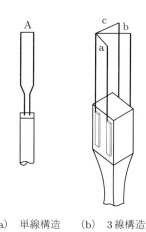

（a）　単線構造　　（b）　3 線構造

図 7.8　熱線の構造

ただし，q：伝熱速度，T_{w}：熱線の温度，T_1：流体の温度，a, b：定数（計器の校正により定まる），i：熱線に流れる電流，R_0：基準温度 T_0 における熱線の抵抗，R_{w}：熱線の抵抗，α：抵抗の温度係数.

　熱線流量計は通常，乱流条件で使われる.

Coffee Break　流量計（フローメータ） ■■■■■■■■■■■■■■■■■■■■■■■

　流量計（フローメータ）といえば，実験室ではロータメータのことを指すといってよいだろう．150 気圧の高圧ガスボンベから減圧弁でしかるべき圧力に落として，ガスを装置に供給するときに，その減圧弁と組み合わせて使われるのがこのロータメータである.

　測定できる流量の範囲が狭いので，測定量によって適当なものを選ぶことになる．また，ガスによっても当然その目盛が異なるので，いろいろ数多く揃えることになる．身近にごろごろと置かれているにもかかわらず，その原理をはっきり理解して使用しているかといえば，案外そうでもないのが現実である.

　たとえば，浮子の入っている筒の上部が広がっているということに気づいている人は少ないであろう．便利に使ってはいても，思いのほか知らずにいるものである．たとえば，2.2.4 項で述べた水準器にしても，気泡入りのガラス管がわずかに曲がって一定の曲率になっていることは，考えてみれば当然のことなのだが，意外と知らない人が多い.

7.2 粘度の測定

　水飴といえば，粘度の象徴ともいえる存在である．割り箸をその中に突っ込んですくい上げれば，たっぷりと尾を引いて箸の先に付いてくる．それは粘度の性質を端的に表す現象であり，箸の動きについてくるその度合は，まさに粘度そのものである．もっとも，測定対象となる粘性流体の多くはこれほど高い粘度ではないが，定性的には同様な性質をもっているものと考えて差し支えない．以下に，粘度の定義とその測定法について述べる．

≫7.2.1　粘度の定義と単位

　図 7.9 のように，上面と下面が異なる速度で移動して，その間にある流体の速度が一定の勾配で変化している状態のときに，流速の異なる二つの層の接する面の単位面積当たりに作用する抵抗力を測定すれば，次式で粘度が算出できる．

$$\eta = \frac{\tau}{dv/dy} \, [\mathrm{kg \cdot m^{-1} \cdot s^{-1}}] \tag{7.12}$$

ただし，$\tau [\mathrm{kg \cdot m^{-1} \cdot s^{-2}}]$：単位面積当たりの抵抗力，$v[\mathrm{m \cdot s^{-1}}]$：流体の速度，$y[\mathrm{m}]$：流れに直角方向の距離．

　粘度の SI 単位は，Pa·s（パスカル秒）であるが，従来は CGS 単位系の P（**ポアズ**）が用いられていた．両者の関係は次のとおりである．

$$1\,\mathrm{P} = 0.1\,\mathrm{Pa \cdot s} \tag{7.13}$$

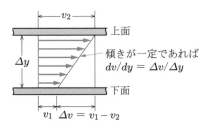

図 7.9　粘性流体の流速分布例

≫7.2.2　動粘度

　流体の流れの状態や流れによって物体が受ける力を取り扱うときには，その流体の単位密度当たりの粘度である動粘度を用いるほうが便利である．

$$\nu = \frac{\eta}{\rho} \, [\mathrm{m^2 \cdot s^{-1}}] \tag{7.14}$$

ただし, $\rho[\text{kg·m}^{-3}]$：流体の密度.

　たとえばレイノルズ数を求める場合, $Q = \pi D^2 \bar{v}/4$ であるから, これを式(7.1)に代入して, $Re = \bar{v}D\rho/\eta$ が得られる. ここで $\nu = \eta/\rho$ を代入すると, $Re = \bar{v}D/\nu$ となり, 平均流速 $\bar{v}$ が既知であれば容易に Re を算出できる.

　表7.2に代表的な流体の粘度, 動粘度を示す.

表7.2　代表的な流体の粘度等の特性(20℃)

	粘度[Pa·s]	動粘度[m²·s⁻¹]	密度[kg·m⁻³]
空気	1.80×10^{-5}	1.5×10^{-5}	1.205
水	1.002×10^{-3}	1.004×10^{-6}	9.982×10^2
水銀	1.56×10^{-3}	1.15×10^{-7}	1.35×10^4

>> **7.2.3　粘度の測定法** ────────────────────────

　流体の粘度は温度によって大きく変わるものが多いので, 粘度を測定する場合は, その温度を正確に測定しておくことが大切である.

（1）　細管法

　細管法とは, 流体の粘度が高いほど流れにくいことを利用して, 細管に一定量の流体を流し, それに要する時間を測って粘度を計測する方法である. 図7.10がその装置で, 測定中に細管の出口と入口の圧力差が一定値を保つように十分大きな流体だめを用い, 細管は十分に長く直線状で, 全長にわたり内径を等しくしてある.

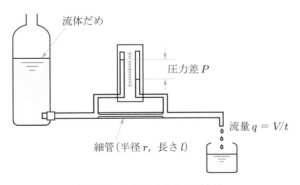

図7.10　細管による粘度測定法

　粘度を求める式は次のとおりである.

$$\eta = \frac{\pi r^4 t P}{8lV} = \frac{\pi r^4 P}{8lq} \tag{7.15}$$

ここに, P：細管の出口と入口の圧力差, t：体積 V の流体が流れ切るのに要する時間, l：細管の長さ, q：流量.

なお，圧力 P は**粘性抵抗**にすべて費やされるのでなく，運動エネルギーにもなるので，実際の測定においては補正が必要である．具体的には，η が既知の流体でその測定器を校正しておくことになる．また，次の前提条件が必要である．

① **非圧縮性流体**(密度が一定の流体)であること

② **ニュートン性流体**(図7.9のように dv/dy が一定)であること

③ 接触部は粘着して流れていないこと

④ 流れ速度が変化しないこと

⑤ 細管の流れは平行線状であること

(2) 共軸円筒の回転による方法

図7.11のような共軸円筒の間に被測定流体を入れ，外筒を回転させることにより，内筒側面にかかる力による内筒のねじれ量(鏡のねじれ角)を測ることで粘度を計測できる．

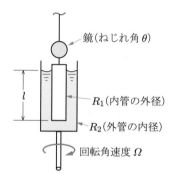

図7.11 共軸円筒による粘度測定法

内筒の浸された深さ l の側面のみ考えると，次式が成立する．

$$\eta = \frac{\tau'\theta(R_2{}^2 - R_1{}^2)}{4\pi l\Omega R_1{}^2 R_2{}^2} \tag{7.16}$$

ただし，τ'[N・m/rad]：単位角のねじれに対する復元モーメント，θ[rad]：ねじれ角，R_1 と R_2[m]：内管外半径と外管内半径，l[m]：筒の長さ(粘性流体接触部)，Ω[rad/s]：回転角速度．

なお，上の計算式では底部が考慮されていないので，実際には液体に浸される深さを変える．すなわち，液体試料の投入量を変えて測定し，両者の差をとることで底部の効果を差し引きゼロにして，粘度を算出すればよい．具体的な計算式は，式(7.17)のとおりである．2組の測定値を用いて底部の影響を除いて次式で計算する．

$$\eta = \frac{\tau'(\theta_1 - \theta_2)(R_2{}^2 - R_1{}^2)}{4\pi(l_1 - l_2)\Omega R_1{}^2 R_2{}^2} \tag{7.17}$$

この方法は装置をコンパクトにでき，かつ自動化しやすいので，多くの市販製品が開発され，広く用いられている．

(3)　落球法

静止している被測定流体に球を落とすと，ある一定の速度に達した後その速度を保って落下を続ける．つまり，その状態では重力と浮力の差が粘度による抵抗力とつり合って，等速運動になる．そのとき，粘度と落下速度との間には次式が成立し，粘度を算出できる．

$$\eta = \frac{d^2(\rho_0 - \rho)g}{18v} \tag{7.18}$$

ただし，$d\,[\mathrm{m}]$：球の直径，ρ_0 と $\rho\,[\mathrm{kg \cdot m^{-3}}]$：球と流体の密度，$g\,[\mathrm{m \cdot s^{-2}}]$：重力加速度，$v\,[\mathrm{m \cdot s^{-1}}]$：球体の速度．

演習問題

7.1　正は○，誤は×とせよ．
①　ロータメータの管は上が細くなっている．
②　ニュートン性流体とは非圧縮性流体のことをいう．
③　薄板オリフィスは安価であるが，測定精度はよくない．
④　ベンチュリ管は吸込み圧力を小さくできる．
⑤　ピトー管より静圧管の測定のほうが難しい．

7.2　ロータメータによる測定で，$A = 1.00\,\mathrm{mm^2}$，$\alpha = 1.00$，浮子の質量 $= 0.50\,\mathrm{g}$，$F = 50\,\mathrm{mm^2}$，$\rho = 2.00\,\mathrm{kg/m^3}$ であった．有効数字を考慮して，$\mathrm{cm^3/s}$ 単位で流量を求めよ．なお，重力加速度は $9.80\,\mathrm{m/s^2}$ で，かつ $98^{1/2} \fallingdotseq 9.9$ とする．

7.3　粘度測定で最も注意すべき点を一つ挙げよ．

7.4　下記のベルヌーイの定理より，ピトー静圧管で流速を求める式を導出せよ．

$$\frac{\rho v^2}{2} + P = \text{定数}$$

7.5　ベンチュリ管で流速を求める式をベルヌーイの定理より導出せよ．

7.6　レイノルズ数が無次元数であることを示せ．

7.7　下記のストークスの実験式を用いて，粘度測定における落球法の式を導出せよ．

$$F = 3\pi\eta vd$$

ただし，$F\,[\mathrm{N}]$：球にかかる抵抗力，$\eta\,[\mathrm{Pa \cdot s}]$：流体の粘度，$v\,[\mathrm{m \cdot s^{-1}}]$：球体の速度，$d\,[\mathrm{m}]$：球の直径．

Topics オゾン層の測定（宇宙からの観測）

4章の Topics［人工衛星の姿勢制御用地球センサ］で述べたように，地球環境は生物にとって幾重にも保護されたゆりかごのような存在である．オゾン層はその代表的なもので，これがなければ太陽からの紫外線で人類の存在が危ういことになる．それゆえ，南極上空のオゾンホールの存在は大きな問題として取り上げられている．

地上から上空に行くに従って一定の割合で低下する気温は，高度 20〜40 km の上空では逆に上昇に転じる．それは，この辺りに太陽の放射エネルギーを吸収するガスが存在しているためで，オゾン層もこの成層圏にある．オゾン生成の仕組みは太陽からの紫外線により酸素分子が原子に分解され，その活性な酸素原子が酸素分子と結合するという反応によるものであるが，この逆の分解反応と平衡状態になったところでオゾンの量が一定に保たれている．

このようなメカニズムにより，太陽からの紫外線の大部分が遮断されているわけであるが，実際にはもっと複雑な現象が起きており，窒素酸化物や塩素酸化物などが関与している．そこへフロンなどが届くと，フロンが分解して生成する塩素イオンによりその微妙なバランスが崩れ，オゾン層が破壊されることになる．そこで，気球や飛行機での観測とともに，人工衛星による測定などが進められている．ここでは，この人工衛星からの観測例について，その一例を取り上げてみる．

人工衛星による観測法では，地球規模の広い範囲にわたる観測ができ，いろいろな方式がある．具体的な一例を挙げると，図 7.12 に示すように，地球のまわりを比較的低い高度で人工衛星を飛ばし，太陽光を地球の大気を通して観測して，オゾンによる吸収の度合を計測することにより，その大気中のオゾン量を求める方法がある．

オゾンは 9.6 μm に特性吸収帯があるので，その赤外波長帯を分光計測すればよい．国内での観測実績として，科学衛星おおぞら（1984 年）に搭載された **LAS**（limb atmospheric infrared spectrometer）では，オゾンの特性吸収帯の観測に回折格子型分

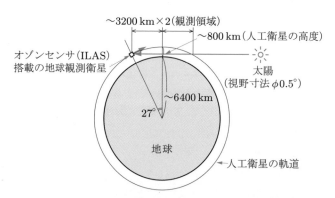

図 7.12　オゾンセンサ（ILAS）の大気中オゾン濃度の測定法
（太陽光に含まれている赤外線の大気中オゾンによる吸収率分布を測定）

光器と 16 素子の焦電型赤外線検出器が使われた.

　この実績を踏まえて，環境省では地球観測衛星みどり 1 号（1996-1997），みどり 2 号（2002-2003）に **ILAS**（improved limb atmospheric spectrometer）を搭載してオゾンなどの地球大気環境ガスを観測した（図 7.13）．これらのオゾン観測装置は，太陽光を地球大気に対して水平に観測する方式なので，地球周縁型分光計，あるいは大気周縁分光計とよんでいる．"limb" とは周縁のことで，大気の周縁の部分を観測するという意味である.

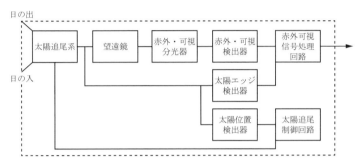

（a）内部構成図

（b）外観（提供：国立環境研究所）

図 7.13　**ILAS**

第8章　光と放射線の測定

　われわれ人間は，目で周囲を見（視覚），耳で音を聞き（聴覚），鼻で匂いを嗅ぎ（嗅覚），口で食べ物の味を知り（味覚），手で物の状態を知る（触覚）ことができる．これらは，人間の五感といわれ，生きていくために大切な機能である．人間だけでなく，動物もおのおの特徴のある感覚で周囲を感じている．たとえば，犬の鋭い嗅覚は空港における麻薬探知で活躍している．人間が感じる分野だけでなく，感じることのできない感覚機能を工学的に実現させるため，センサの開発が行なわれてきた．可視光分野の光センサ開発は，とくに進歩は著しい．家庭用のカメラは，以前は撮像管やフィルムが代表的であったが，現在は MOS（metal oxide semiconductor）型と CCD（charge coupled device）型に代表される固体イメージセンサが開発されて大幅に置き換わってしまった．いずれも，シリコン材料を用いた半導体集積化技術の大きな成果である．

　この章は，電磁波，とくに赤外線，X 線，放射線に関係する計測について述べる．

8.1　電磁波

電磁波とは，波長 λ と振動数 ν をもつ波で，以下の関係がある．

$$\lambda\nu = c$$

c は真空中の光の速度であり，$2.997\,924\,58 \times 10^8\,\mathrm{m/s}$ である．波長と振動数（周波

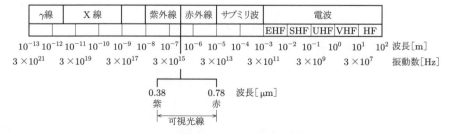

図 8.1　電磁波の波長と振動数の関係

数)の関係を図8.1に示す.

このように電磁波は,ラジオ,TV で使用される長波長の電波から,非常に波長の短い γ 線という放射線まで非常に広い範囲で存在する.

 ## 8.2 赤外線の測定

≫8.2.1 検出器性と評価 ────────────────

第4章では,非接触温度センサとして赤外線センサを取り上げたが,ここでは赤外線に関した測定のための基本的な考え方をここに示す.

① **電圧感度**:入力赤外線に対する信号出力の性能を示す指数で,R_V(responsivity)で表す.

② **検出能**:検出器の信号対雑音比 S/N を示す指数で,D(detectivity)で表す.

③ **雑音等価出力**:検出器の逆数.雑音と同じレベルの出力を得るのに要する赤外線入力を示す指数で,**NEP**(noise equivalent power)で表す.

④ **比検出能**:赤外線検出器の素子の感度は,一般に素子の面積に反比例し,雑音は多くの場合素子面積の平方根に反比例するので,S/N は素子面積の平方根に反比例することになる.そこで,面積で補正して素子面積の影響を受けないようにした評価指数を D^*(specific detectivity)で表す.

以上を式にまとめると次のようになる.

$$R_V = \frac{V_{\text{out}}}{I} \tag{8.1}$$

$$D = \frac{R_V}{V_N} \tag{8.2}$$

$$\text{NEP} = \frac{1}{D} = \frac{I V_N}{V_{\text{out}}} \tag{8.3}$$

$$D^* = A^{1/2} D \tag{8.4}$$

ただし,R_V[V/W]:電圧感度,V_{out}[V]:出力電圧,I[W]:赤外線入射パワー,D[Hz$^{1/2}$/W]:検出能,V_N[V/Hz$^{1/2}$]:雑音電圧,NEP[W/Hz$^{1/2}$]:雑音等価パワー,D^*[Hz$^{1/2}$·cm/W]:比検出能,A[cm^2]:検出素子受光面積.

ここで,雑音電圧はその単位[V/Hz$^{1/2}$]から明らかなように,単位周波数幅当たりの電圧である.一般に,雑音電圧は周波数幅の平方根に比例するので,このような単位になる.そのため,雑音等価出力の単位も単なる[W]でなく[W/Hz$^{1/2}$]になる.

表8.1に各種検出器の代表的特性を示す.時定数が短いほど応答特性が速い.一般に量子型は応答が速いが,検出波長範囲が限定される.また,約4 µm より長波長を

表 8.1 代表的な赤外線検出器の特性

項　目	熱　型			量子型	
	焦電型	サーミスタ	サーモパイル	PbS	HgCdTe
動作温度	常　温	常　温	常　温	常　温	77 K
波長範囲[μm]	全領域	全領域	全領域	$1\sim2.4$	$2\sim15$
比検出能 D^* [$Hz^{1/2}\cdot cm\cdot W^{-1}$]	$\sim2\times10^8$	$\sim5\times10^7$	$\sim1\times10^8$	$\sim3\times10^8$	$\sim1\times10^{10}$
時定数[ms]	~20	~300	~25	$\sim6\times10^{-2}$	$<1\times10^{-3}$
受光部面積[mm²]	~1	~1	~1	~100	$\sim1\times10^{-2}$

検出するには，ほとんどの検出素子は冷却しなければならない．一方，熱型は波長特性が平坦で，常温で使用できる．

図 8.2 は，**量子型赤外線検出器**の代表的なものを種類別にまとめたものである．**PC**(photo conductive)**型**は，赤外線を照射すると電子や正孔が増大し，電気伝導度が上がる性質がある．**PV**(photo voltaic)**型**は，赤外線を照射すると半導体の接合部に起電力が生じる性質がある．この二つの検出器は赤外線だけに限らず，可視光，紫外線などの検出にも広く利用されている．**PEM**(photo electromagnetic)**型**は，PC型と同様に赤外線の照射によって電荷を発生する性質をもっている．この素子にあらかじめ磁場を加えておくと，発生した電荷の移動方向が曲がり，素子の両端に起電力を発生するので，それを検出信号として利用している．したがって，この素子は静磁場を与えるための磁石が必要で，素子材料としてはインジウムアンチモン(InSb)などがある．

ショットキー型は，金属と半導体の接合によって形成される電荷空乏層が赤外線照射により起電力を発生する性質をもっており，それで赤外線を検出できる．この電気

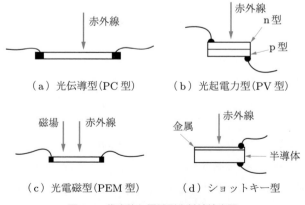

（a）光伝導型(PC 型)　　　（b）光起電力型(PV 型)

（c）光電磁型(PEM 型)　　　（d）ショットキー型

図 8.2　代表的な量子型赤外線検出器

伝導の障壁（バリヤ）の考えは 1938 年にショットキー（W. Schottky）が発表したので，ショットキーバリヤとよばれるようになり，そのバリヤを用いているのでショットキー型という．このタイプの検出器はシリコン材料を用いており，その半導体集積技術を利用できるので，多素子化と微細化が容易で，可視光の CCD カメラ用素子と同じ程度の**2 次元アレイ素子**（512 × 512 あるいは 1040 × 1040）が開発され，赤外カメラとして製品になっている．ただ，波長感度は 4〜5 μm までが限度で，常温物体からの放射では最も強い 10 μm 帯が検出できず，長波長に感度を広げることが課題になっている．

図 8.3 は赤外線検出器の**応答波長領域**であり，量子型素子はエネルギーバンドギャップによって検出波長範囲が限定されることがこの図からわかる．同図では**サーミスタボロメータ**だけが熱型である．**熱型赤外線検出器**は波長範囲に制限がなく，動作温度も常温である．図 8.4 は，量子型赤外線検出素子として代表的なテルル化水銀カドミウムの波長特性で，水銀とカドミウムの割合でその波長特性が変わることを示している．つまり，水銀が多いほどエネルギーバンドギャップが狭くなり，応答波長範囲が長波長寄りになる．

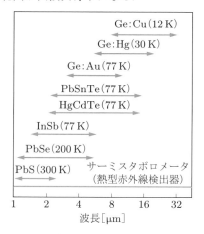

図 8.3　赤外線検出器の使用波長領域
（　）内は動作温度

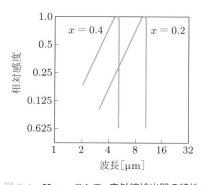

図 8.4　$Hg_{1-x}Cd_xTe$ 赤外線検出器の特性

図 8.5 に**サーミスタ赤外線検出器**の構造の一例を示す．サーミスタ赤外線検出器は周囲の温度，つまり動作温度によって出力レベルが変動するので，補正が必要である．そのため，赤外線が当たらないところに補償用の素子を設置し，両者の差信号を出力としている．4.1.5 項に述べた赤外放射温度計は，赤外線検出器のほかに，集光系，チョッパ，信号処理部，表示部などを組み合わせた構成になっている．集光系としては，ゲルマニウムやシリコンのレンズ，あるいは中央に開口のある凹面の主鏡と凸面

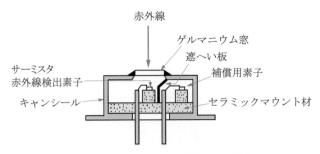

図 8.5　サーミスタ赤外線検出器の構成

　の副鏡を組み合わせた**カセグレン鏡**などが用いられる．チョッパは，赤外線入力を一定の周波数で変調してS/Nを改善できる効果があり，しばしば用いられる．なお，遠距離からの熱放射計測では大気の赤外線吸収が無視できないので，透過率の比較的高い**大気の窓**とよばれる波長帯（10 μm，4 μm 帯など）が選ばれる．

　以上，熱放射計測として赤外線の検出を中心に述べたが，放射源の温度が上がればより波長の短い電磁波の放射が増大し，700〜800℃では可視光も放射されるようになる．したがって，放射測定の立場では可視光放射計測も対象の範囲内だが，可視光計測では，放射量の計測よりもむしろ照明下の被写体から反射される光の測定（撮像測定など）がほとんどなので，本書では割愛する．

例題 8.1　熱型赤外線検出器と量子型赤外線検出器との相互比較を論じよ．
解　1）熱型は感度が悪く応答も遅いが，波長依存性が少なく常温で使うことができ，簡便で安価である．原理的には，赤外線を熱吸収して素子温度が上昇することにより，抵抗値や分極，あるいは熱起電力が変わって，それを出力信号として取り出すことができる．
2）量子型は赤外線をフォトン（光子）として検出し，感度が高く応答も速いが，波長依存性があり，赤外線の波長が 5 μm より長いと冷却する必要がある．その結果，簡便には使えず高価である．

例題 8.2　赤外線放射計測における留意点について述べよ．
解　1）測定対象の放射率によって赤外線放射量が違うので，黒体でない一般の灰色体についてはその補正が必要である．
2）遠距離測定では，対象物と測定器の間にある大気での赤外線吸収や散乱にも留意する必要がある．
3）電圧感度だけでなく，ノイズとの比も考慮した赤外線検出能が重要であり，測定内容によっては応答速度にも留意する必要がある．ただし，この問題は赤外線放射測定だけに限らない．

4）熱型赤外線検出素子の場合，熱容量を小さくするために，素子の厚さを極力薄くすることと，応答速度は素子の設置構造に大きく左右されることに留意する必要がある．

>> 8.2.2 放射率の測定

黒体は放射率が1で，**完全反射体**ではゼロである．一般の物体は**灰色体**であり，両者の中間の値をとる．黒体赤外放射源の構造を図8.6に示す．黒体を実現するには開口部をなるべく狭くし，奥行を深くして，入射した電磁波が容易に反射して外に出ることのないような構造にし，放射率をなるべく高くしている．放射温度計では，このような黒体炉を用い，放射率を校正する．

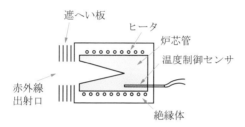

図8.6　**黒体炉の構造例**

図8.7に放射率測定装置の一例を示す．試料表面の放射率は，試料の裏面からヒータで加熱し，**サーモパイル**（熱電対列）赤外線検出器で熱放射を測定することにより計測できる．以上を式で表すと次のようになる．

$$\varepsilon = \frac{I}{I_0} = \frac{V_{\text{out}}}{R_{\text{V}}\sigma FS(T_{\text{s}}^4 - T_0^4)} \tag{8.5}$$

ただし，ε：放射率，I：試料からの放射パワー，I_0：試料と同じ温度の黒体からの放射パワー，V_{out}：検出器の出力電圧，R_{V}：検出器の電圧感度，σ：ステファン－ボル

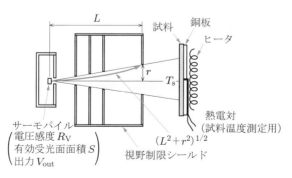

図8.7　**放射率の測定装置**

ツマン定数($5.670\,374 \times 10^{-8}$ W·m^{-2}·K^{-4})，F：**視野係数**，T_s：試料（灰色体）の温度，T_0：周囲温度，S：素子の有効受光面積.

ここで，Fは次式で求めることができる.

$$F = \frac{\Omega}{\pi} = \frac{r^2}{L^2 + r^2} \fallingdotseq \frac{r^2}{L^2} \tag{8.6}$$

ただし，Ω：視野立体角（$\pi r^2/(L^2 + r^2)$）.

Coffee Break　放射立体角とその係数について

　ある一点から四方八方に放射線が出ている場合，その放射立体角は 4π [sr] である.
それでは，ある単位平面の片面から放射される場合の**放射立体角係数**はどうであろうか.
立体角を計算する場合，球体表面の見込む面積を半径の二乗で割ればよいので，半球面
に相当する 2π [sr] になると考える人が多いが，実はその半分の π [sr] が放射立体角係数
である．第4章の式(4.1)，(4.4)や本章の式(8.6)もその考えに基づいている．以下に
その計算をしてみよう.

　図8.8に示すように，放射強度が放射面に対して垂直の場合を基準として，傾き角を
θ とする．このとき，$\delta\theta$ で球面上に放射される成分を考える．この面積に $\cos\theta$ を掛け
たものを，θ について 0 から $\pi/2$ [rad] まで積分し，その積分値を球の半径 r^2 で除すこ
とにより放射立体角係数を算出できる.

$$\begin{aligned}
\text{放射立体角係数} &= \frac{1}{r^2}\int_0^{\pi/2} 2\pi r^2 \sin\theta \cos\theta\,\delta\theta \\
&= \pi\int_0^{\pi/2} \sin 2\theta\,\delta\theta \\
&= \frac{\pi}{2}\Big[-\cos 2\theta\Big]_0^{\pi/2} \\
&= \pi
\end{aligned}$$

　このように，傾いた方向の放射率は $\cos\theta$ に比例して減少するので，全体としては
2π [sr] の半分となる.

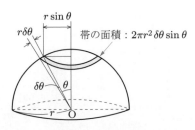

図8.8　放射立体角係数の算出説明図

≫8.2.3 反射率と透過率の測定

吸収率(=放射率;キルヒホッフの法則)ε,反射率 R,透過率 Tr の三者間には次のような関係が成り立つ.したがって,反射率,透過率を測定すれば吸収率を求めることができる.

$$\varepsilon + R + Tr = 1 \tag{8.7}$$

図 8.9 に透過率 Tr の測定法の例を示す.この例では,分光器と組み合わせて Tr の分光特性が測定できる.同図の右から出た 2 本の赤外ビームは平行光線としてそれぞれ標準窓と試料を通り,チョッピングミラーで 1 本にまとめられて,交互に分光器に入る.分光された赤外線はサーモパイル赤外線検出器で交互に検出され,両者の変調交流信号を交互に検出し,両者を比較して透過率を出力するようにしている.反射率の測定については,ミラーで光路を変えて試料面の反射光を取り出す反射率測定セルを試料位置に設置すればよい.

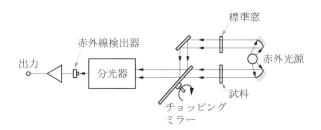

図 8.9　**透過率と反射率測定法の例**

不透明物体では透過率がゼロなので,式(8.7)はさらに簡単になり,放射率か反射率を測定すればよいことになるが,両者ともに透過率に比べて測定しにくい量である.透過率測定では,平行光線を使ってその透過放射線だけを測定すればよいのに比べ,放射率にしても反射率にしても,方位角分布を測定する必要がある.ただ,反射率については,試料が鏡面であれば,いわゆる拡散反射が無視できるので,幾何光学的な反射光のみを測定すればよい.

Coffee Break　**反射体の熱放射測定**

放射率の低い物体の熱赤外放射を測定して温度を測る場合,単に放射率で補正すればよいと考えていると,常温物体の計測においては大きな間違いを犯すことになる.というのは,周囲の常温物体から同程度の赤外放射があり,それが被測定物体に照射されて,その反射成分があたかもその物体から放射しているかのように測定器に入ってくるからである.とくに,被測定物体が周囲の温度より低い場合には,周囲からの赤外放射のほうが強いので,放射率の低い物体のほうが放射率の高い物体より赤外計測量が大きいこ

とになる．また，室温と同じであれば，放射率に関係なく一定の赤外量が計測される．常温近くでの赤外放射による温度計測の難しさとして，放射率の問題が第一に挙げられるが，それはこのような事情からうかがい知れる．

 8.3　核放射の測定

核放射は，原子核に由来するエネルギーバランスを保つための変化によるものであり，その変化で発生するエネルギーが化学反応に比して非常に大きく，とくに原子力を利用するようになってから注目されるようになってきている．原子力発電だけでなく，原子レベルの測定や医療にも重要な技術となってきているため，基本的な考え方を知っておくことが必要である．

≫8.3.1　放射線と放射能

原子は，陽子と中性子からなる原子核と，そのまわりを回っている電子からなっている．その原子から生成される α 線，β 線，γ 線などの放射線は，表8.2に示すとおりである．

表8.2　放射線の種類

実　体	名　称	定　義
陽子2個，中性子2個のかたまり	α 線	原子核起源の α 粒子（${}^4_2$He）
	ヘリウム線	ヘリウム原子核（α 粒子と同じもの）を人工的に加速したもの
電　子	β 線	原子核起源の電子（陰電子 β^-，陽電子 β^+）
	電子線	電子を人工的に加速したもの
	内部変換電子	γ 線の身代わりの軌道電子
	オージェ電子	特性 X 線の身代わりで放出された軌道電子
光　子	γ 線	原子核起源の光子
	特性 X 線	軌道間の電子の遷移過程で放出される光子（線スペクトル）
	阻止 X 線	電子の運動エネルギーの変化に伴って発生する光子（連続エネルギースペクトル）

放射線とは，物質との相互作用の結果，原子，原子や分子の電離・励起を引き起こす能力をもつ電磁波，荷電粒子の総称であり，具体的には，X 線，γ 線，α 線，ベータ線，中性子，荷電粒子などを指す．**放射能**とは，放射性同位元素が，α 線，β 線，γ 線を放出して安定な原子核に崩壊する性質を表す物理量であり，単位時間当たりの崩壊数で定義される（単位はベクレル[Bq]）．この違いが意外に理解されていないの

で注意が必要である.

α線, **β線**, **γ線**が, それぞれ原子核内起源の粒子, 電子, 光子であるのに対し, **X線**は軌道間の電子遷移やエネルギー損失で発生する. X線に関しては次節で述べる.

≫8.3.2 放射線計測

放射線計測は, ガスや固体などのターゲット物質の電離作用で生成されたイオンと電子対に起因する電流, またはパルス的な電気信号を用いて測定する. 放射能は, 基本的に原子核の崩壊で放出される β線や γ線の測定に基づいている.

計測で使われる言葉に, 照射線量と吸収線量がある. **照射線量**は空気中で生成された電荷に着目した量で, **吸収線量**は物質に付与されたエネルギーに着目した基本量である. 放射線が物質と相互作用した結果, 単位質量当たりに吸収されるエネルギー[J/kg]により定義される. 単位は**グレイ**[Gy]である(旧単位はラド[rad]).

また, 電荷をもたない X線, γ線や中性子線などの間接電離放射線が物質と相互作用したときに, 単位質量当たりに生成される荷電粒子の初期運動エネルギーの総和を, **カーマ**(kerma : kinetic energy released in material)という. 最近, 照射線量の代わりに, 空気カーマを使用する動きが顕著になってきた.

また, 物質に照射されたエネルギーを表すのに, **線量当量**がある. 線量当量は以下の式で表され, 単位は**シーベルト**[Sv]である(旧単位はレム[rem]).

$$H = D \cdot Q \cdot N \tag{8.8}$$

D:吸収線量, Q:線質係数, N:線質係数以外のすべての補正因子.

$Q = 1$ （X線, γ線, 電子線, β線）

$Q = 20$ （α線）

$Q > 1$ （中性子(エネルギーに応じて決まる)）

$N = 1$ （通常の体外線源による被曝の場合）

以下に主な計測法を示す.

(1) 電離箱

図 8.10 は平行板電離箱で, 内部にアルコールや炭化水素ガスを混ぜたアルゴンガスを大気圧より少し低い圧力で詰め, 高電圧を平行板にかける. 放射線が入射するとガスが電離され, 発生するイオン対が両極板に集められて信号として取り出される. 図 8.11 に, 印加電圧と測定イオン数の関係を示す.

(2) ガイガー－ミュラー計数管

円筒管式ガイガー－ミュラー(GM)計数管の構造は図 8.12 に示すとおりで, 中央電極にプラスの電圧をかけ, 電離により発生した電子が中央電極に集められるようになっている. この計数管は, 印加電圧が電離箱に比べてずっと高く, 放射線が入ると

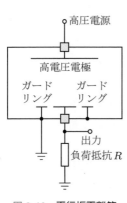

図 8.10　平行板電離箱

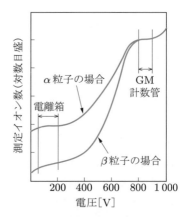

図 8.11　放射線測定における計数管，
電離箱などの印加電圧と
測定イオン数の関係

雪崩現象を起こして大きなパルスを発生する．図 8.11 の右上に，印加電圧と発生イオン数が示してある．ガイガー－ミュラー計数管は，放射線のエネルギーには関係なくその入射パルス数を計測できる．**計数率**は最大で 10^4 カウント/秒程度である．図 8.13 に示すベル型の計数管はマイカの窓を利用しているので，透過力の弱い α 線，β 線，および低エネルギーの γ 線の計測ができる．

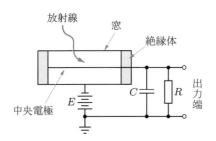

図 8.12　円筒式ガイガー－ミュラー計数管

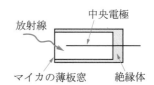

図 8.13　ベル型のガイガー－ミュラー計数管
の検出部

（3）　シンチレーション計数管

　シンチレーション計数管は，硫化亜鉛，ヨウ化リチウム，ヨウ化ナトリウム，ヨウ化セシウムなどの結晶中で放射線によりシンチレーション現象を誘起し，それによって発生する閃光を**光電子増倍管**で検出する計数管で，図 8.14 のような構造になっている．放射線のエネルギーと閃光強度が比例するので，適当な結晶を選べば，放射線入射回数の計数だけでなく，放射線強度の測定も可能である．

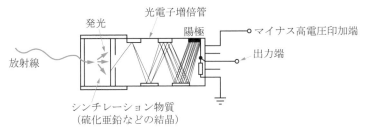

図 8.14 **シンチレーション計数管の構成**

(4) 中性子計数管

中性子には電離効果がないので,たとえば ^{10}B(原子量 10 のホウ素原子)との作用で発生する α 粒子を検出する方法が用いられている.図 8.15 に中性子計算管を示す.円筒の内壁を ^{10}B で被覆してあり,その内部には 5%のエタノールを含むヘリウムガスを 1.3×10^4 Pa 程度詰めてあり,印加電圧は 1 kV 程度である.

^{10}B との反応式は次のとおりである.

$$^{10}\text{B} + \text{中性子} \rightarrow {}^7\text{Li}(原子量 7 のリチウム原子) + \alpha 粒子$$

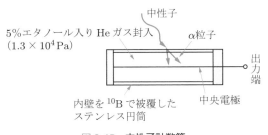

図 8.15 **中性子計数管**

(5) 写真フィルム法

放射線により写真フィルムは感光するので,放射線量分布を測定できる.α 線,β 線,γ 線は,それぞれ透過力が異なるので,フィルタで分けて計測する.

 ## **8.4** X 線の測定

X 線は γ 線と同じ電磁波なので,8.3.2 項(1)~(5)の方法により測定できる.また,人工的に X 線を発生させることができるので,X 線 CT やレントゲン写真による**非破壊検査**に広く利用されている.また,**X 線被曝量**の計測には,蛍光または**熱ルミネッセンス線量計**が用いられ,それぞれの専門分野では日常的に扱われている.これ

には，CaSO₄(Mn) や LiF などの無機結晶が用いられる．入射した X 線により正孔・電子対が結晶中で蓄積され，紫外線照射または加熱によって再結合して発光することを利用し，**被曝積分量**を計測できる．

演習問題

8.1 正は○，誤は×とせよ．
① 量子型赤外線検出器は常温で動作し，簡便に使える．
② 量子型赤外線検出器は感度の波長依存性がない．
③ 熱型赤外線検出器は応答速度が量子型より速い．
④ 赤外計測で 10 μm 帯が使われるのは，常温物体から放射されている赤外線のうちで最もパワーが大きい波長帯だからである．
⑤ 大気の窓とは，空気中での吸収が少ない赤外線波長帯をいう．
⑥ 半球の立体角は 2π[sr] であるが，黒体炉開口部から半球方向に放射される全パワーは単位立体角当たりの放射パワーの π 倍である．
⑦ シンチレーション計数管は，放射線によって蛍光を発する物質を用いている．
⑧ シンチレーション計数管に用いている光電子増倍管は，プラス極をアースにしている．
⑨ サーミスタ赤外線検出器の補償用素子には，赤外線が照射されないようになっている．
⑩ 比検出能 D^* は，検出能 D に素子面積を掛けて素子寸法の影響を取り除いた評価量である．
8.2 α線，β線，γ線の電離作用と透過力の相互比較を論じよ．
8.3 反射率 R，透過率 Tr，吸収率 α 間で成立する式を示せ．

Topics X線 CT と MRI

最近は病院で診断するとき，すぐ「CT を撮りましょう」とか，「MRI で調べましょう」とかいわれるが，一般の人にとってこれらの用語の意味はよくわかっていないのではと思われる．従来，X 線を使ったレントゲン写真は胸などの透過写真だけだったが，いわゆる CT とよばれているのは X 線 CT で，X 線による断層撮影である．コンピュータを用いて画像処理するので，CT(computed tomography) とよばれている．コンピュータ処理の高速化により，画像処理時間が短縮され，容易に画像判断できるようになった．

人体組織の中では骨が最も X 線を通しにくく，頭蓋骨で覆われている頭部は，通常の X 線撮影装置では内部の様子を見ることができなかった．ところが，高感度の X 線検知器を用い，X 線吸収のわずかな差異を数値化して，観測面に沿って 360°すべての角度から観測したデータをコンピュータで解析することにより，内部の様子を観測できるようになった．検出器が一つだと計測に時間がかかり，その間に被測定体が動いてブ

レが生じる．よって，数百個の検出器を用い，蛍光体でX線を光に変換して検出する．検出器の素材には，感度の高い酸化ビスマスゲルマニウム（BGO）などが使われている．

　一つの断層写真で，データの数は数十万にもなり，初期の頃は検査に5分ぐらいかかっていたが，それが今では2〜5秒程度に短縮されている．その結果，脳だけでなく，それより動きの激しい肝臓，腎臓，膵臓（すいぞう），胆嚢（たんのう）などの腹部臓器や胸部，脊髄などの検査にまで利用できるようになってきている．

　この計測技術は医療用だけでなく，産業用にも非破壊検査装置として広く実用化が進められており，自動車関係ではアルミニウム鋳物の“ス”の検査やタイヤの実装状態での検査，素材関係では新素材のファインセラミックスの微小欠陥検査や鉄鋼分野での焼結鋼の分析，溶接部検査などに利用されている．航空，宇宙分野，原子力分野などでの応用も進んでおり，今後は下記の性能向上が期待される．

①　透過力向上のためのX線の高エネルギー化

②　高分解能化

③　高速処理化

　一方，MRI（magnetic resonance imaging）とは何だろうか．原子核スピンには，磁石の性質をもつものが多いが，ふつうはそのスピン軸はばらばらで，そのままでは磁石の性質は表れない．ここに外部から強い磁場をかけると，全体として磁場をかけた向きに巨視的磁化ができる．この核磁化を特定の周波数のラジオ波を照射することにより，静磁場方向から傾けると，核磁化は静磁場方向を軸としてコマの首振り運動のような歳差運動を行う．その運動の周波数は**ラーモア周波数**といわれ，各原子核に固有の周波数であり，かけた磁場の強さに比例する．一般的には，主として生体組織に多数存在する水素原子が対象で，静磁場も1.5テスラ程度で，周波数は10〜60 MHzほどである．これは，電磁波でいえばラジオ波の範囲に当たる．水素原子だけでなく，窒素，りん，ナトリウム，酸素，炭素，原子番号が奇数であるか，または質量数が奇数の原子の測定が可能である．しかし，水素に比べると，3桁から4桁感度が悪く，まだ実用的なレベルになっていない．水素が測定しやすい一つの理由は，生体に水素原子が一番多く存在することである．核磁化を励起するためのコイルは，RFコイルとよばれている．そのパルスの照射をやめれば徐々にもとの状態に戻る．重要なのは，このパルスをやめて定常状態に戻るまでの過程（緩和現象）で，それぞれの組織によって戻る速さが異なる．これを核磁気共鳴といい，NMR（nuclear magnetic resonance）と略した．このままだと位置がわからないので，傾斜磁場を用い，コンピュータで処理し画像化した．したがって，病院で使われ始めた当初はNMR-CTといっていたが，病院内で「核」という文字を使用することに抵抗があり，また放射線被曝がないという利点を誤解されかねないという懸念があった．そこで，MR-CTという呼称が考えられ，最終的にはMRIという呼称に落ちついた．放射線が出るわけではないのに言葉が嫌われた例である．核アレルギーはこんなところにも影響している．ちなみに科学的な測定では，NMRという略称は生きている．

第9章　電気計測の基礎

　今では，ほとんどの計測量は電気信号に変換して計測されている．それは，計測値を読み取るにしても記録するにしても正確で便利なためで，電気機器間の伝送も容易なためでもある．また，必要なデータはコンピュータの信号処理により瞬時に得られるという，ほかには見られない優れた特徴も備えている．

　本章では，その電気計測の基礎となる電流・電圧をはじめとして，抵抗・インピーダンス，周波数，電力，磁気などの計測法を説明する．

9.1　電磁気量の単位と標準

≫9.1.1　電磁気量の単位系

　第1章で述べたように，SIでは電流の単位**アンペア**[A]が基本単位として定義され，その大きさは電気素量 e を正確に $1.602\,176\,634 \times 10^{-19}$ と定めることによって設定される．すなわち，1 A は 1 秒間に電気素量 e の $1/(1.602\,176\,634 \times 10^{-19})$ 倍の電荷が流れることに相当する電流である．

　この基本単位をもとにして，ほかの電磁気量については次のような単位が定義されている．

① **ボルト**[V]：1 A の電流が流れる導体の 2 点間において消費される電力が 1 W であるとき，これら 2 点間に存在する電圧．

② **オーム**[Ω]：起電力の存在しない導体の 2 点間に 1 V の電圧を加え，電流が 1 A 流れるときの 2 点間の電気抵抗．

③ **クーロン**[C]：1 A の不変電流により 1 秒間に流れる電気量．

④ **ファラド**[F]：1 C の電気量を充電したとき，両極に 1 V の電位差を生じるコンデンサの静電容量．

⑤ **ヘンリー**[H]：1 A/s の割合で一様に変化する電流を通じるとき，1 V の起電力を生じる閉回路のインダクタンス．

⑥ **ウェーバ**[Wb]：1回巻の回路を貫く磁束が一様に減少して，1 V の起電力を
生じるとき1秒間に変化する磁束.

⑦ **テスラ**[T]：磁束に垂直な面 1 m² 当たり 1 Wb の磁束密度.

≫9.1.2 電気標準

電気の最も基本的な量は，電流・電圧・抵抗の三つである．これらはオームの法則
で関連づけられるので，このうち二つを選んで基本的な標準としている．はじめは電
流（銀分離器）と抵抗（水銀抵抗原器）により国際電気単位が定められたが，その後，電
圧（ウェストン電池）と抵抗（マンガニン抵抗器），電圧（ウェストン電池）と抵抗（クロ
スキャパシタ）と変遷し，1990 年 1 月 1 日を期して電圧（ジョセフソン効果電圧標準
装置）と抵抗（量子ホール効果抵抗標準装置）が電気標準として使われている．なお，
日本においては，ジョセフソン効果電圧標準装置については，それ以前の1977 年に
電圧標準としてすでに採用されている．

（1） 電圧標準（量子標準としてのジョセフソン素子）

1 nm 程度の薄い絶縁層を挟んで 2 枚の超伝導体を弱く結合させたものをジョセフ
ソン接合とよび，これに電圧を印加すると，電子は薄い絶縁層を量子力学的に通り抜
けることができる．この接合を介して電子対（クーパー対）が抵抗なくトンネル効果で
流れる現象を**ジョセフソン効果**（Josephson effect）とよび，超伝導になる臨界温度 T_c
が 9.25 K のニオブ（Nb），7.2 K の鉛（Pb）がよく用いられる．複数のジョセフソン
素子を同一基板上に作成したジョセフソン接合アレイを図 9.1 に示す．

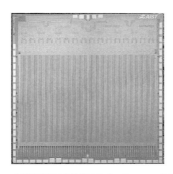

図 9.1 産総研製国家標準用ジョセフソン電圧素子
NbN/TiN/NbN 接合アレイ（約 52 万接合（524 288），
最大出力：17 V，16 GHz）
（提供：産業総合技術研究所）

　図9.2（a）に示すように，接続されたジョセフソン素子に周波数 ν の電磁波を照射すると，同図（b）に示すような電流・電圧特性が得られ，n 番目の階段の電圧 V_n は次式で与えられる．

$$V_n = n \frac{h}{2e} \nu \tag{9.1}$$

ただし，h：プランク定数（6.626 070 15 × 10^{-34} J・s），e：電気素量（1.602 176 634 × 10^{-19} C）．これらの値が正確に定められたことにより，現在では次の**ジョセフソン定数**が確定値となっている．

$$K_{\mathrm{J}} = \frac{2e}{h} = 483\ 597.848\ 416\ 984... \mathrm{GHz/V} \tag{9.2}$$

　$\nu = 10$ GHz のとき，1 ステップの電圧は約 20 μV となる．また，周波数 ν は現在 10^{-11} の安定度があるので，高精度の電圧 V_n が得られ，電圧標準として適している．しかし，量子標準は高価で大がかりな装置で，維持管理も容易ではない．

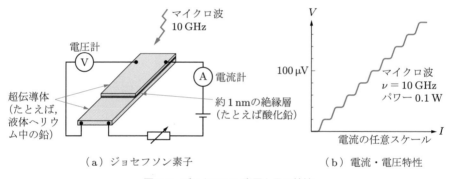

　　　（a）ジョセフソン素子　　　　　　　（b）電流・電圧特性

図9.2　**ジョセフソン素子とその特性**

　従来，電圧の標準として用いられてきたのは，1.018 V の電圧を発生する標準電池であるが，それに替わって**ツェナーダイオード**（Zener diode）を使用したツェナー精密電圧発生器が2次標準（10 V，1 V）として利用されている．

　直流電圧標準の維持管理については，ツェナー精密電圧発生器を3台以上保有してグループ管理することにより，信頼性の向上が図られている．グループ管理の記録および経年変化の測定・予測システムも開発されてきており，不確かさへの関心が高まる状況において，実用標準として主流になっていくと思われる．

(2) 抵抗標準

抵抗量子標準としては，**量子ホール効果**(QHE：quantum Hall effect)を使用する．極低温での強磁場，たとえば 15 T の中に平面状導体をおき，その磁場と直角方向に電流を流し，磁場と電流の両方に直交する方向に発生する電圧を測定する(図 9.3)．このとき，電圧 V_n は電流 I に比例し，次式で得られる．

$$V_n = \frac{h}{e^2} \cdot \frac{1}{n} \cdot I \quad (n = 1, 2, \ldots) \tag{9.3}$$

ただし，n は量子化の次数で正の整数である．

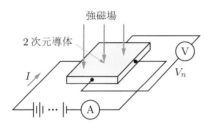

図 9.3 **量子ホール効果**

量子化されたホール抵抗は次のように定義されている．

$$\frac{h}{e^2} \cdot \frac{1}{n} = R_\mathrm{K} \cdot \frac{1}{n} \tag{9.4}$$

$R_\mathrm{K} = h/e^2$ は**フォン・クリッツィング定数**で，次の値である．

$$R_\mathrm{K} = 25\,812.807\,459\,304\,5\ldots \Omega \tag{9.5}$$

(3) 静電容量

静電容量(キャパシタンス)は，直流電圧や抵抗と同様に電気量としては重要な量の一つで，2 通りの方法で決定できる．

一つは，オーストラリアのトムソン(A. M. Thompson)とランパード(D. G. Lampard)によって 1956 年に発明された**クロスキャパシタ**を用いる方法である．4 本の平行電極の中に可動ガード電極 G を設置し(図 9.4)，その移動距離によって決まる電極の有効長さから，次式を用いて静電容量を得る．

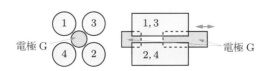

図 9.4 **クロスキャパシタの構成**

$$C_0 = \frac{l \times 10^7 \ln 2}{4\pi^2 c^2} \, [\mathrm{F}] \tag{9.6}$$

ここで，l：4本の電極の有効長さ（Gで調節できる），c：真空中の光の速度（2.997 924 58 × 10^8 m/s）である．C_0 は真空中での1，2間と3，4間の容量の平均値で，$l = 1$ m のとき，約 2 pF である．Gの位置は光波干渉で精密に測定できるので，C_0 の測定精度は誤差率として 10^{-7} 程度になる．ただし，原理に忠実にクロスキャパシタを実現するには，機械的精度の確保にかなりの困難があり，高度な精密計測技術が要求される．

　もう一つの方法は，**量子化ホール抵抗**（QHR）を基準として，抵抗標準から容量標準を決定する方法である．図 9.5 は，産業技術総合研究所で確立された QHR ベース静電容量標準である．QHR から静電容量を導くには，高精度な各種ブリッジ回路（交流抵抗ブリッジ，直角相ブリッジ，容量ブリッジ）と特殊な抵抗器（交流−直流差が計算可能な特殊形状の抵抗器）が必要となる．これらを用いて，抵抗標準から容量へ順次測定を行うことで QHR から容量が導出できる．

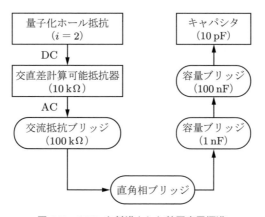

図 9.5　**QHR を基準とした静電容量標準**

　この一連の測定の中で，抵抗から容量への変換を行う**直角相ブリッジ**は，容量標準の最終的な不確かさを決めるうえでとくに重要である．図 9.6 に直角相ブリッジの回路構成を示す．同図から，直角相ブリッジの平衡条件は，

$$\omega^2 C_1 C_2 R_1 R_2 = 1 \tag{9.7}$$

となる．この式から明らかなように，直角相ブリッジは周波数依存型ブリッジである．つまり，直角相ブリッジにおいて抵抗を基準に容量を決める場合，平衡周波数は一意的に決定されることになり，QHR から導かれる容量は，ある特定の周波数での値に限られる．

これを改良した，平衡周波数が可変となる直角相ブリッジの回路を図 9.7 に示す．図 9.6 の回路に二つの誘導分圧器を加えると，ブリッジの平衡条件は，

$$\omega^2 C_1 C_2 R_1 R_2 = \rho_1 \rho_2 \tag{9.8}$$

となる．ここで，$\rho_1 \rho_2$ は誘導分圧器の分圧比である．この分圧比 $\rho_1 \rho_2$ を任意にとることによって，原理上あらゆる周波数において直角相ブリッジが平衡する．

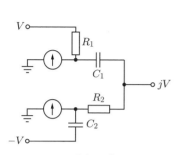

図 9.6　直角相ブリッジ

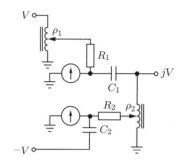

図 9.7　周波数可変直角相ブリッジ

（4）インダクタンス

大理石などの安定な巻枠に多層巻きするか，ドーナツ状巻枠に巻いたコイルをインダクタンスの標準とする．後者は**トロイダル巻**とよばれ，外部からの影響を受けにくいので，標準誘導器として適している．

 ## 9.2　測定機器

電気計測器は測定量を表示する方法において，指示電気計器とディジタル電気計器に分類できる．指示電気計器は，測定対象の電磁界と計器内にあらかじめ設けた電磁界との相互作用で生じる電磁力によるトルクで目盛盤の指針を動かしている．これに対してディジタル電気計器は，直接あるいは増幅後にアナログ測定量をディジタル量に変換し，液晶，発光ダイオードなどで数値表示している．

≫9.2.1　指示電気計器

（1）指示電気計器の精度

JIS により，0.2 級，0.5 級，1.0 級，1.5 級，2.5 級の 5 段階に分類されている．1.0 級は，定格値（最大の振れ値）に対して許容誤差が 1.0% であり，たとえば 2.5 V の電圧を 1.0 級の電圧計の 3 V レンジで測定すれば，次式の誤差率に抑えられる．

$$\frac{3 \times 1.0}{100} \times \frac{1}{2.5} \times 100 = 1.2\% \tag{9.9}$$

2.5 V の電圧を 1.0 級の電圧計の 10 V レンジで測定すれば,

$$\frac{1 \times 10}{100} \times \frac{1}{2.5} \times 100 = 4.0\% \tag{9.10}$$

となる. 測定値をフルレンジ近くで読むと誤差率は低く抑えられるので, なるべく測定値に近いレンジで読むことが望ましい.

表9.1 各種指示電気計器の動作原理による分類(JIS C 1102-2011)

種　類		記　号	動作原理
永久磁石可動コイル型			固定永久磁石と可動コイル内の電流による磁界との相互作用によって動作する計器.
可動磁石型			固定コイル内の電流による磁界と, 可動永久磁石の磁界との相互作用によって動作する計器.
可動鉄片型			軟磁性材の可動片と固定コイル内の電流による磁界との間に生じる吸引力によって動作する計器.
電流力計型	空心		可動コイル内の電流による磁界と, 一つ以上の固定コイル内の電流による磁界との相互作用によって動作する計器.
	鉄心入		電流力計型で, 磁気回路内に軟磁性材を入れて相互作用の効果を増加させた計器.
静電型			固定電極と可能電極との間に生じる静電力の作用で動作する計器.
誘導型			一つ以上の固定電磁石の交流磁界と, この磁界で可動導体中に誘導される渦電流との相互作用によって動作する計器.
整流型計器			交流の電流または電圧を測定するために, 直流で動作する計器と整流器とを組み合わせた計器.
熱電型			導体内の電流の熱効果によって動作する計器.
バイメタル型			電流で直接または間接的に熱せられるバイメタル素子(温度変化に対して異なる膨張係数をもつ材料)の変形で指示を生じる熱型計器.
熱電対型	非絶縁		測定電流で熱せられる一つ以上の熱電対の起電力を用いる熱型計器.
	絶縁		

(2) 指示電気計器の構成要素

指示電気計器の3要素として，駆動装置，制御装置，制動装置が挙げられる．駆動装置は指針を動かすための駆動トルクを発生し，制御装置は指針をもとの位置に戻そうとする制御トルクを生じるので，指針は駆動トルクと制御トルクのつり合った位置で静止する．制動(damping)はブレーキで，指針の動きと逆方向の力が作用して無用な振動を抑え，速やかに静止するように機能する．

(3) 指示電気計器の動作原理による分類

各種の指示電気計器(表9.1)は，用途に応じてその特徴を活かして使われている．代表的な計器が可動コイル型と可動鉄片型である．

① 可動コイル型

可動コイル型指示電気計器の構造は，回転軸が可動コイルに取り付けられ，ルビーなどでできた軸受けで支持され，永久磁石の磁界の中に置かれている(図9.8)．回転軸の上下に制御ばねが取り付けられ，このばねを通して流れた可動コイル電流による誘導磁界と永久磁石の磁界とで可動コイルにトルクが発生し，電流の強さに応じて回転する．そして，可動コイルの回転に従って指針が振れる．

可動コイルの支持構造を改善して，感度を高めて微小電流の検出ができるようにしたのが検流計である．可動コイル型計器の回転軸の代わりにばね材料として優れたりん青銅などの細線で可動コイルをつり下げて，軸受けと制御ばねの役割をさせ，指針の代わりに鏡を取り付けて光を当て，計器から離れた場所に置かれたスクリーン上の目盛に反射光を投影する．スクリーンと計器の間隔が離れているほど振れ角の変化が拡大されて，精度よく測定できる．

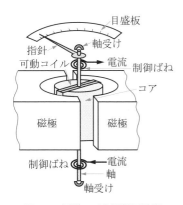

図9.8 可動コイル型指示計器

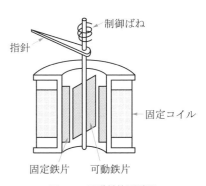

図9.9 可動鉄片型計器

② 可動鉄片型

　可動鉄片型計器は交直両用であり，固定コイルに測定電流をかけて磁界を発生し，その磁界の作用で対向する固定鉄片と可動鉄片が同じ極になるように磁化され，両者の反発力で指針が動く（図9.9）．したがって，交流でも直流でも測定できるが，目盛は等分ではない．また，直流では，鉄片は磁化特性のヒステリシスが無視できるほど低い材質を選ぶ必要がある．なお，交流では，主として商用周波数（50/60 Hz）が利用されている．

》》9.2.2　ディジタル計器

　ディジタル計器は，計測に機械的な機構を用いない純電気的な計測器である．中でも**ディジタルマルチメータ**（図9.10）は広く使われていて，直交流電圧，電流，抵抗などの測定だけでなく，静電容量，周波数，ダイオードの特性，温度などを測定できる機種もある．

　内部構成は，積分回路やピーク検出回路などの入力信号処理回路と，A-Dコンバータ，マイコン（CPU），基準クロック発振器である（図9.11）．測定は，マイコンから

図 9.10　ディジタルマルチメータ
（提供：横河電機株式会社）

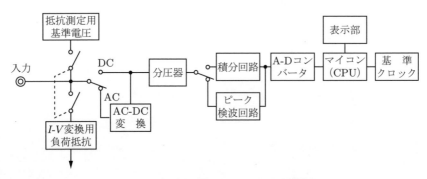

図 9.11　ディジタルマルチメータの内部構成

の指示によるサンプリング周波数でデータを収集し，マイコン処理でデータを表示する．

測定精度は読みと桁数の組合せで表示され，次のようになる．

$$\pm (0.001 \text{ rdg} + 2 \text{ dgt})$$

ただし，rdg：reading（読取り値），dgt：digit（表示最小桁の数字）である．つまり，測定誤差は±（読取り値の 0.1％ + 表示最小桁の 2）である．たとえば，ディジタルマルチメータの表示が 10.000 V の場合，10.000 V の 0.1％ = 0.01 V（読み誤差）と表示最小桁の 2 にあたる 0.002 V（有効最小桁誤差）で，±0.012 V の誤差となる．

ディジタル計器は指示電気計器に比べて，次のような優れた特徴がある．

① 高精度 A-D 変換器と電子回路により，高精度，高分解能の測定が可能である．

② 測定値が数字で表示されるので，使用者によって異なる読取りの誤差がない．

③ 入力抵抗を大きくできるので，測定回路にほとんど影響を与えない．

④ 測定回路と演算または表示回路とを光回路などで絶縁でき，測定の安全と高精度測定が期待できる．

⑤ 測定量はディジタル値で得られるので，コンピュータに接続し，自動的な測定，制御，表示，記録，演算処理が容易である．

 9.3　電圧・電流の測定

一般に測定に当たっては，測定対象の状態変化を抑えるようにしなければならないが，計器を接続することによって回路の状態は変化する．そこで，計算により計器の接続による影響を吟味して誤差を見積り，誤差を抑えるような測定法を選ぶ．ここでは，前記の計器を用いた代表的な測定法について述べる．

≫9.3.1　電流の測定

（1）直流電流の測定

① 電流てんびん法（レーリー型）

作用力の測定用電流てんびん（レーリー型，図 9.12）では，二つの固定コイルの磁界に設置した可動コイルに電流を流したとき，可動コイルに作用する力を測定する．電流は三つのコイルを直列に流れるが，その方向を変えて力が下向きに作用する場合と上向きに作用する場合の平均値をとることで精度を上げていて，誤差は 1～3 × 10^{-6} 程度である．

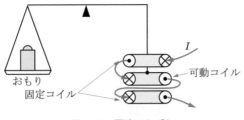

図9.12 電流てんびん

② ホール効果を応用した測定法

ホール効果測定法では，ホール素子に流した一定電流 I の直角方向に磁束密度 B を与え，両者の直角方向に生じる電位差 V を測定する（図9.13(a)）.

$$V = \frac{R_{\mathrm{H}} \cdot B \cdot I}{d} \tag{9.11}$$

ここで，R_{H} はホール係数，d は素子の厚さ．図9.13(b)に示すように，測定電流 I_{M} に比例した磁束密度 B をホール素子（たとえばInAs，InSb）に与え，生じるホール起電力 V を測定すれば，磁束密度 B が求まり，B から I_{M} の値を知ることができる．参考までに，ホール素子に使われる材料のホール係数を表9.2に示す．

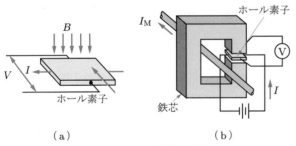

(a)

(b)

図9.13 ホール効果の応用

表9.2 各種ホール素子材料のホール係数

材 料	ホール係数 [cm³/C]
Ge	-3.5×10^4
InSb	-6×10^2
InAs	-9×10^4

(2) 交流電流の測定

$10^{-6} \sim 10^{-7}$ A 程度の電流測定には，**振動検流計**，**整流器型検流計**が用いられる．振動検流計（図9.14）では，ばねの強さとこまの位置（つり線の長さ）を調整してコイルの固有振動数を測定交流の周波数に合わせ，コイルに測定電流を加えたときに生じる振動の振幅が最大になるようにして，反射光帯の幅から電流値を得ている．

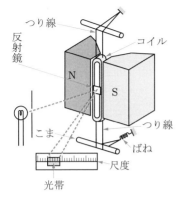

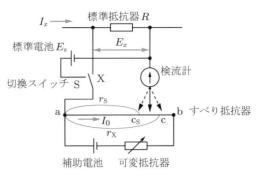

図 9.14　**振動検流計**　　　　　　　図 9.15　**直流電位差計の原理**

>> **9.3.2　電圧の測定**
(1)　直流電圧の測定
① 直流電位差計法

精密測定法として直流電位差計法がある（図 9.15）．まず，補助電池からすべり抵抗器に直流 I_0 を流し，切換スイッチを S 側に入れ，標準電池の起電力 E_s と抵抗線 a-c_S 間の抵抗 r_S における電圧降下 $I_0 \cdot r_S$ とが等しくなるように，可変抵抗器によって I_0 を調整すると，次式が得られる．

$$E_s = I_0 \cdot r_S \tag{9.12}$$

次に，測定したい抵抗 R にかかる直流電圧を E_x とし，切換スイッチを X 側に入れ，すべり抵抗器 a-c 間の電圧降下 $I_0 \cdot r_X$ を E_x と等しくすると次式が得られる．

$$E_x = I_0 \cdot r_X \tag{9.13}$$

$$\therefore \quad E_x (\equiv I_x \cdot R) = \frac{E_s \cdot r_X}{r_S} \tag{9.14}$$

E_s は標準電池の起電力であるから正確であり，そのうえ零位法を用いているので測定精度は高い．

② 電位計法

摩擦電気や結晶体の圧電現象のように微弱な起電力を測る場合は，負荷電流を抑えるため，内部抵抗のきわめて高い計測器を用いる必要がある．図 9.16 に示す固定電極の各象限の電位を V_1, V_2 に保ち，測定したい電位 V_3 を回転電極に加えると，その振れ角 θ は次式となり，電流を流さずに電圧を測定することができる．

$$\theta = K(V_1 - V_2)(2 V_3 - V_1 - V_2) \tag{9.15}$$

ただし，K は計器の定数である．$V_3 = (V_1 + V_2)/2$ のとき $\theta = 0$ となり，振れない．

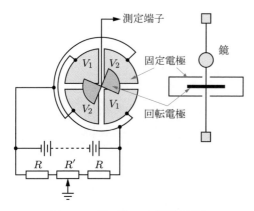

図9.16　ドレザレック象限電位計

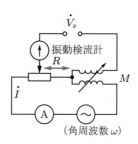

図9.17　ラルセン電位差計

(2)　交流電圧の測定

　交流電圧および電流の精密な測定に用いる**交流電位差計法**には，極座標式と直角座標式がある．前者は電圧 $\dot{V}$（ベクトル値）の絶対値 V と位相角 ϕ を別々に測定する方法であり，後者は電圧を直角の2成分に分け，$\dot{V} = V_1 + jV_2$ における V_1 と V_2 を測定し，それから絶対値と位相角を求める方法である．

　後者の一例を図9.17に示す．この図の抵抗 R と相互インダクタンス M とを調整して，振動検流計の振れがゼロになるように平衡をとれば，次式が得られる．

$$\dot{V}_x = (R + j\omega M)|\dot{I}| \qquad (9.16)$$

この式から直角の2成分がわかり，$\dot{V}_x$ が求まる．

例題9.1　(1) 図9.18の電圧測定で，電圧計を接続しないときの電圧と，接続したときの電圧との比を求めよ．
(2) 電位差計法で電圧を測る利点を簡単に述べよ．

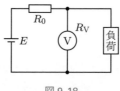

図9.18

解　(1) 負荷抵抗を R_L とすると，電圧計を接続しないときの負荷の端子電圧 V_L1 は，

$$V_\mathrm{L1} = \frac{ER_\mathrm{L}}{R_0 + R_\mathrm{L}}$$

となる．電圧計を接続したときの負荷の端子電圧 V_L2 は，

$$V_{L2} = \frac{E}{R_0 + R_V R_L / (R_V + R_L)} \cdot \frac{R_V R_L}{R_V + R_L}$$

となる．よって，V_{L1}/V_{L2} は次のようになる．

$$\frac{V_{L1}}{V_{L2}} = 1 + \frac{R_0 R_L}{R_V (R_0 + R_L)}$$

電圧計の内部抵抗 R_V が大きいほど，比が 1 に近づく．

(2) 電流を流さないため負荷効果の問題がない．したがって，測定系の内部抵抗や配線の抵抗の影響を防げる．

9.4　抵抗とインピーダンスの測定

　ある回路素子の直流抵抗は，その素子の両端電圧と電流の比であるから，電流計の内部抵抗をゼロに，電圧計の内部抵抗を無限大にすれば正確な測定ができる．ただし実際には，計測器の内部抵抗をゼロあるいは無限大にはできないので，電子回路技術を用いて理想に近い測定回路や測定器が考案されている．

　可聴周波数の交流におけるインピーダンスの測定には，主として零位法の交流ブリッジが用いられ比較的高い測定精度が得られるが，平衡状態にするのが難しく測定時間もかかるため，熟練を要する．そこで，試料をつなぐだけで簡単に測定できるような計測器(LCR メータ)が開発され，設計や開発分野だけでなく，部品の管理検査などに広く使われている．

≫9.4.1　直流抵抗の測定

(1)　電圧電流計法

端子電圧と電流測定から未知抵抗を求めるには，二つの計器接続法がある(図9.19)．いずれの場合も，それぞれの計器の内部抵抗による補正が必要である．

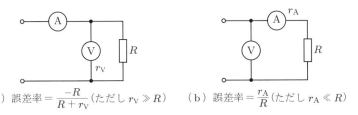

(a) 誤差率 $= \dfrac{-R}{R + r_V}$（ただし $r_V \gg R$）　　（b）誤差率 $= \dfrac{r_A}{R}$（ただし $r_A \ll R$）

図 9.19　電圧計と電流計による抵抗測定とその誤差率

(2) ブリッジ法

① ホイートストンブリッジ

既知の抵抗3個(a, b, R)と測定対象の抵抗 X でブリッジを組む(図9.20)と，検流計に流れる電流は次式により算出できる．

$$i_{\mathrm{g}} = \frac{(Xb - aR)E_{\mathrm{s}}}{\Delta} \tag{9.17}$$

ただし，

$$\begin{aligned} \Delta &= (X + R + a + b)r_{\mathrm{s}}r_{\mathrm{g}} + (X + a)(X + b)(r_{\mathrm{s}} + r_{\mathrm{g}}) \\ &\quad + ab(X + R) + XR(a + b) \end{aligned} \tag{9.18}$$

であり，ここで平衡条件 $i_{\mathrm{g}} = 0$ が成り立てば，次式が成立する．

$$X = \frac{aR}{b} \tag{9.19}$$

通常，a/b を 0.01，0.1，1，10，100 とし，R を調整して平衡状態にする．

② ケルビンブリッジ

ホイートストンブリッジでは，測定したい抵抗素子が低抵抗の場合，ブリッジに流れる電流が大きくなり，端子部での接触抵抗による誤差が無視できなくなる．そこで，図9.21に示すケルビンブリッジを用いれば，低抵抗でも精度よくその抵抗値を求めることができる．平衡状態では次式が成立する．

$$X = \frac{a}{b}R + \frac{\beta S(a/b - \alpha/\beta)}{\alpha + \beta + S} \tag{9.20}$$

ここで，$a/b = \alpha/\beta$ とすれば，第2項がゼロになり，X は S に無関係に求めることができる．このブリッジでは測定したい素子の抵抗が低くても，a, b, α, β を十分大きい抵抗値に設定し，ブリッジ回路に流れる電流 i_1, i_2 を抑えることで，接触抵抗による誤差を小さくできる．

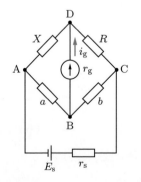

図9.20　ホイートストンブリッジ

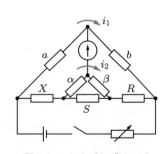

図9.21　ケルビンブリッジ

$$X = \frac{a}{b}R \qquad (9.21)$$

≫9.4.2　インピーダンスの測定

　交流では，抵抗成分 R だけでなくリアクタンス成分 X があるので，インピーダンス $\dot{Z}$ は次式で表すことができる．

$$\dot{Z} = R + jX \qquad (9.22)$$

コイルの場合は，$X = 2\pi fL$ または $2\pi fM$ であり，L は自己インダクタンス，M は相互インダクタンスである．

　コンデンサの場合は，$X = -1/2\pi fC$ であり，C は静電容量である．

　これを極座標表示すると，次のように表すことができる．

$$\dot{Z} = Z \angle \phi \qquad (9.23)$$

ただし，$Z = (R^2 + X^2)^{1/2}$，$\phi = \tan^{-1}(X/R)$ である．

(1)　交流ブリッジ

　インピーダンスの測定には，図 9.22 に示す交流ブリッジが用いられ，検知器で平衡状態を検知する．通常，この検知器には受話器が用いられ，800 Hz〜2 kHz では 10^{-9} A の感度がある．平衡条件は次式のとおりである．

$$\dot{Z_1}\dot{Z_4} = \dot{Z_2}\dot{Z_3} \qquad (9.24)$$

また，この平衡条件は，次のように書き換えることができる．

$$Z_1 Z_4 = Z_2 Z_3 \qquad (9.25)$$

$$\phi_1 + \phi_4 = \phi_2 + \phi_3 \qquad (9.26)$$

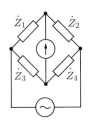

図 9.22　交流ブリッジ

　このように，二つの条件が満足されないと平衡にならず，それぞれ独立には調整できないので，交互に調整していく必要がある．

　測定上の注意事項は次のとおりである．

① 電源は周波数が安定な正弦波でなければならない．また，基本波に対しては平衡でも，高調波では平衡が成立しないので，高調波成分が大きい場合には，検出

器側に適当なフィルタを入れて基本波のみを検出する.

② ブリッジ素子の移動や測定者の接近などにより，素子と大地および素子相互間の静電容量が変動しないよう静電遮へいを施す．また，電源からブリッジ，素子相互間に電磁誘導を生じないよう各素子の配置などに配慮する.

表9.3　各種交流ブリッジ（参考文献[25]より転載，一部改変）

直列抵抗ブリッジ	シェーリングブリッジ (Schering bridge)	アンダーソンブリッジ (Anderson bridge)
静電容量と損失角の測定に用いられる.	静電容量と損失角の精密測定に用いられる．とくに高電圧における測定に適する.	自己インダクタンスの標準的測定方法である．広範囲でかつ高精度の測定が可能.
$\dfrac{C_x}{C_s} = \dfrac{r_3}{r_4} = \dfrac{r_1}{r_x}$ C_s, r_1：調整	$C_x = \dfrac{C_3 r_3}{r_4}$ $r_x = \dfrac{r_4 C_3}{C_s}$ C_3, r_4：調整	$(r_x + r_2) r_3 = r_1 r_4$ $L_x = C r_4 \left\{ r\left[1 + \dfrac{r_3}{r_4}\right] + r_3 \right\}$ r_1, r_2：調整
キャンベルブリッジ (Campbell bridge)	ウィーンブリッジ (Wien bridge)	ケリーフォスターブリッジ (Carey-Foster bridge)
1 kHz 以上の周波数の測定に用いられる．C は損失の少ないものを用いることが重要.	損失角の大きいコンデンサの等価容量 C_x と等価並列抵抗の測定，および周波数測定にも用いられる.	相互インダクタンスあるいは静電容量の測定に用いられる．$L > |M|$ であることが必要.
$f = \dfrac{1}{2\pi\sqrt{MC}}$ M：調整	$\dfrac{C_x}{C_1} = \dfrac{r_3}{r_4} = \dfrac{r_1}{r_x}$ $f = \dfrac{1}{2\pi\sqrt{C_1 C_2 r_1 r_2}}$ C_1, r_1：調整	$M = C_3 r_1 r_4$ $L = M\left[1 + \dfrac{r_3}{r_4}\right]$ C_3, r_3：調整

③ 通常，抵抗については直流で校正し，インダクタンスとキャパシタンスについては1000 Hz の交流で校正している．精密測定では，標準器の周波数特性および温度特性にも配慮する必要がある．

交流ブリッジはインピーダンスのほか周波数の測定にも使え，目的に応じて種々のブリッジが考案されている．可聴周波数における自己インダクタンス L，相互インダクタンス M および静電容量 C の測定に用いられる各種のブリッジについて，回路，平衡条件などを表9.3に示した．

(2) LCR メータ

ディジタル LCR メータは，インダクタンス(L)，キャパシタンス(C)，抵抗(R)を手軽にかつ精度よく測定できる便利な測定器である．その原理は図9.23に示すとおりで，まず，発振器の出力を試料に加え，試料両端の電圧と電流を測定する．両者からベクトル演算によって，抵抗，キャパシタンス，インダクタンスを求めるが，試料を LCR メータに接続するときに生じる寄生的な静電容量やリード線の抵抗などによる誤差を小さくするために，さまざまな工夫が施されている．その一つが測定端子の電極構成である．

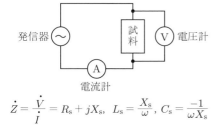

$$\dot{Z} = \frac{\dot{V}}{\dot{I}} = R_s + jX_s, \ L_s = \frac{X_s}{\omega}, \ C_s = \frac{-1}{\omega X_s}$$

図 9.23　**LCR メータの原理**

図 9.24　**LCR メータの測定端子**
（提供：アジレントテクノロジー社）

LCR メータは五つの端子をもっており（図9.24），左端はガード端子とよばれシールドをグラウンドに接続する端子で，残る四つのうち外側の二つ(Hc, Lc)は電流測定用端子，内側の二つ(Hp, Lp)は電圧測定用端子である．電流と電圧の端子を別々にしているのは，リード線の抵抗やインダクタンス成分が測定値に混入しないようにするためで，一般に「四端子法」とよばれており，試料のインピーダンスが小さい場合に非常に効果がある．

一方，試料が高インピーダンスの場合には，周囲の導電物質との静電容量の影響を受けないよう薄い金属でできたシールドで試料を覆うが，シールドと試料の電位が異なると両者間の静電容量が誤差になるので，シールドの電位を固定するために「ガー

ド」とよばれる端子が設けられている．一般には，ガード端子はグラウンド電位にして，測定に影響を与えないようにしている．

図 9.25 は LCR メータの回路構成で，電流の検出部に注目すると，試料に流れる電流は，LCR メータ内部の基準抵抗を通って電圧に変換されていることがわかる．したがって，もし点線で示したような浮遊容量や絶縁抵抗があると，電流の一部がそれらに分流してしまうため誤差となる．よって，LCR メータでは浮遊容量や絶縁抵抗の両端の電位差をゼロにして，電流が流れないよう Lc 点の電位をグラウンド電位にしている．単体の受動部品であれば，この方法で精度の高い測定が手軽にできる．また，電圧検出端子(Hp，Lp)のインピーダンスはきわめて高く，端子と試料間のリード線に抵抗があっても，ほとんど電圧降下が生じないように設計されている．

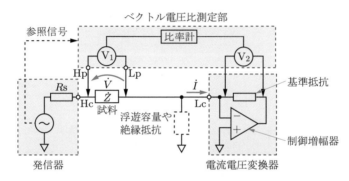

図 9.25 **LCR メータの回路構成**

Coffee Break テスタを使うときの留意点

簡単な抵抗の測定や導通チェック，電源電圧の測定，あるいは絶縁の確認のための電圧チェックなど，手軽に，かつ頻繁に使われるのが，いわゆる“テスタ”である．

ディジタル表示できる電子式は，旧式のテスタに比べると格段に使いやすくなっているが，基本的原理は同じなので，使用上の留意点はほぼ同じと考えてよい．もちろん，ディジタル式ではもはや気にしなくてもよくなっていることもある．しかしそれでも，計測の心構えとして知っておいたほうがよい面もあり，そのような意味で留意点を述べる．

① 測定端子の⊕，⊖

方向性のある抵抗素子の測定には，印加電圧の極性が問題になる．たとえばダイオードの絶縁性を調べるときのように，順方向には電圧をかけてはならない場合がある．ところが，テスタの⊕の測定端子にはマイナスの電圧がかかっているので，注意が必要である．

②　電圧測定

被測定系の内部抵抗が高い場合，テスタをつなぐことによって流れるわずかな電流により測定すべき電圧が低減し，正しい測定ができない．

また，交流電圧測定の場合，整流して平均値をとり，実効値目盛で表してあるので，波形にひずみがあると誤差を生じる．

③　電流測定

被測定回路にテスタをつなぐことによりテスタの抵抗が加わることになるので，そこでの電圧降下の影響を考慮しておかなければならない．とくに，測定レンジによってテスタの内部抵抗が異なるので，なるべく影響の少ないレンジを選ぶ．

④　大きさのわからない電圧を測定する場合

測定レンジの大きいところから順次小さいほうへ切り替え，なるべくフルスケール近くのレンジで測定する．

⑤　抵抗測定

ゼロ調整をしてから測定すること．

以上の留意点のうち，③の後半，④および⑤については，ディジタル式ではオートレンジ機能によりほぼ解消されてはいるが，いずれも計測の基本精神に則した重要な内容である．

9.5　周波数の測定

周波数と時間は表裏一体の関係にあり，ともに精密に計測できる．たとえば，水晶発信器では，1×10^{-10} 程度の精度は比較的容易に得られる．

≫9.5.1　標準電波

第6章で述べたように，標準電波 JJY は，時間と周波数の標準，ならびに協定世界時（UTC）に基づく日本標準時（JST）を広く国の内外に知らせるために，情報通信研究機構で運用されている電波である．国家標準としては，セシウムビーム型原子周波数標準器をはじめ，**水素メーザ型**や**実用セシウムビーム型**原子時計群が用いられ，正確さは 1×10^{-13} に達する．さらに，人工衛星などを使った国際時刻比較により，国際標準との同期および諸外国の標準との関係が常に確かめられている．

≫9.5.2　周波数測定

周波数測定は，安定な発信器を基準として測定周波数を比較測定するものなので，常に基準とする発信器を標準電波で校正しておく必要がある．幸い，標準周波数およ

び時刻放送として周波数基準が発信されているので，これを受信し，波の干渉技術を用いて，10^{-11} におよぶ精度で国家標準と比較校正できる．

表9.4 は測定原理から分類した周波数の測定法で，以下に代表的な周波数測定法について述べる．

表9.4　測定原理により分類した周波数測定法

測定原理	測定法
標準周波数またはこれと分数関係にある周波数と直接比較	うなり法・補間法・リサジュー図法・ストロボスコープ法
一定時間内における測定波の繰返し数を計測	CR 充放電型およびパルス計数式の周波数測定法
ある周波数における機械的・電気的共振現象を利用	振動片型・吸収型および水晶片型の周波数測定法
インピーダンスの周波数特性を利用する	周波数ブリッジ法・比率計型周波数測定法

(1)　ブリッジによる測定

表9.3 の中で周波数測定に用いられる代表的なものは，ウィーンブリッジとキャンベルブリッジである．

(2)　吸収型周波数計

吸収型周波数計は図 9.26 に示す3種類の回路があり，測定すべき電源と電磁的に結合して，10 kHz 以上の周波数の測定に用いられる．

可変コンデンサでチューニングすると，次の条件のとき共振状態になり，電流または電圧が最大になるので，L と C から周波数を求めることができる．

$$\omega^2 LC = 1 \tag{9.27}$$

同図(a)では熱電電流計が使われ，図(b)では電流が整流されているので可動コイル電流計が用いられる．図(c)はインピーダンスの高い電圧計を用いて共振回路の特性値 Q の低下を防いでいる．測定精度は Q で決まり，高いほうがよい．

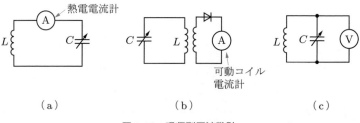

図 9.26　吸収型周波数計

（3）　周波数カウンタ（エレクトロニックカウンタ）

　周波数カウンタは高精度の水晶発信器を内部基準としてパルスをカウントしている. 測定装置の回路構成を図 9.27 に示す.

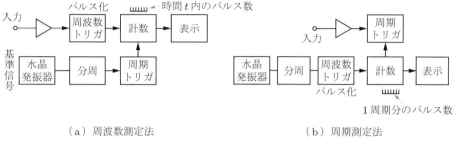

（a）周波数測定法　　　　　　　　　　　（b）周期測定法

図 9.27　**周波数カウンタによるパルス測定法**

　上記カウンタには, 計数方式の本質に起因する ±1 カウント誤差がある. これは図 9.28(a), (b)のように, 測定周波数のパルス列と周期トリガパルスとのタイミングのずれのために計数値が 1 だけ異なる現象で, カウンタ方式の最も大きな誤差である.

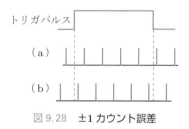

図 9.28　**±1 カウント誤差**

例題 9.2　わずかに周波数の異なる 2 台の発信器の周波数を図 9.29 の回路で測定したところ, 100 秒で位相が 1 回転した. 一方の発信器の周波数を 1 MHz とすれば, もう一方の発信器の周波数はいくらか.

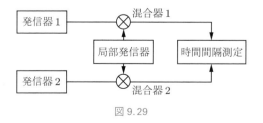

図 9.29

解　発信器 1 の周波数を $A[\mathrm{Hz}]$, 発信器 2 の周波数を未知として $X[\mathrm{Hz}]$ とする. 100 秒

で位相が1回転したので，2台の発信器間で周波数が 0.01 Hz だけ違っていることになる．局部発信器の周波数を L[Hz]とし，混合器出力で差の周波数成分をとると，次式が成立する．

$$A - L = X - L \pm 0.01 \text{ Hz}$$

$$\therefore \quad X = A \pm 0.01 \text{ Hz} = 1\,000\,000 \pm 0.01 \text{ Hz}$$

9.6 電力の測定

　直流電力は電流と電圧を測定し，両者の積を計算することにより求めることができる．交流電力については位相差があるので，力率を考慮して測定しなければならない．以下，交流電力の測定法について説明する．

》9.6.1　3電圧計法

　三つの電圧計の読み，V_1，V_2，V_3 と既知の抵抗 R から負荷電力 P を求める（図9.30(a)）．まず，図(b)のベクトル図から次式が得られる．

$$V_3^2 = V_1^2 + V_2^2 + 2V_1V_2\cos\phi \tag{9.28}$$

負荷に加わる電力は力率 $\cos\phi$ を考慮して，次式で求めることができる．

$$P = V_1 I \cos\phi = \frac{V_1 V_2 \cos\phi}{R} \tag{9.29}$$

上記2式から ϕ を消去すると，

$$P = \frac{V_3^2 - V_2^2 - V_1^2}{2R} \tag{9.30}$$

となり，電力が計算できる．また，力率 $\cos\phi$ は次式で得られる．

$$\cos\phi = \frac{V_3^2 - V_2^2 - V_1^2}{2V_1V_2} \tag{9.31}$$

　なお，電圧計の代わりに三つの電流計を用いて，同じような方法で電力を測定することができる．これを**3電流計法**という．

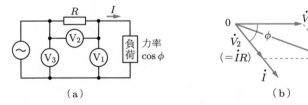

図 9.30　**3電圧計法**

≫9.6.2 ホール効果電力計

図 9.31 に示すようにホール素子を用いて電力測定ができる．ホール素子の厚さを d，ホール係数を R_H とすれば，ホール起電力 V_H は次式になる．

$$V_H = \frac{R_H I_C B}{d} \tag{9.32}$$

I_C は V_L/R であり，また磁束密度 B はコイルに流れる電流 I_L に比例するから，比例定数を K として $B = KI_L$ とすれば，次式が得られる．

$$V_H = K \cdot R_H \frac{V_L I_L}{d \cdot R} \tag{9.33}$$

増幅器のゲインを A とすれば，出力 V_0 は次式のように求められ，負荷で消費される電力 $P_L = V_L I_L$ に比例する．

$$V_0 = AV_H = AR_H \frac{V_L I_L}{d \cdot R} K = \left(\frac{AKR_H}{d \cdot R}\right) P_L \tag{9.34}$$

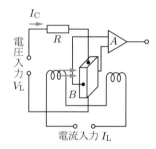

図 9.31　ホール素子による電力計

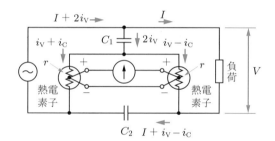

図 9.32　熱電型電力計

≫9.6.3 熱電型電力計

図 9.32 に示すような熱電型電力計で，2 電流を測定することにより，電力測定ができる．同図で $1/(\omega C_1) \gg R \gg 1/(\omega C_2)$ とすれば，負荷側の電圧 V，電流 I はそれぞれ次式で表せる．

$$V = \frac{2i_V}{j\omega C_1}, \qquad I = 2i_C r \cdot j\omega C_2 \tag{9.35}$$

よって，検流計で二つの熱電対の出力差を測定すれば，次式で電力を算出できる．

$$VI = \frac{4i_V i_C r C_2}{C_1} = \frac{\{(i_V + i_C)^2 - (i_V - i_C)^2\} r C_2}{C_1} \tag{9.36}$$

≫**9.6.4**　電力計法

図 9.33 に示す電流力計型電力器は広く用いられている．固定コイルに負荷電流 I を流し，可動コイルに高抵抗を直列につないで負荷電圧 V を加えると，可動コイルの受ける駆動トルク τ_d は次式で得られる．

$$\tau_d = kVI\cos(\alpha - \theta) = kP\cos(\alpha - \theta) \tag{9.37}$$

ただし，k：定数，P：負荷電力，θ：振れ角，α：0 位置と固定コイル軸のなす角．

ばねで制御しているから，制御トルクは指針の振れ角 θ に比例する．したがって，計器の目盛は $P\cos(\alpha - \theta)$ に比例し，目盛の中央付近では $\alpha - \theta \ll 1$ なので，ほぼ P に比例する．

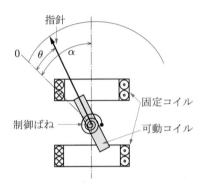

図 9.33　電流力計型電力計

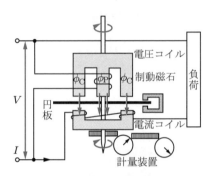

図 9.34　誘導型交流電力量計

≫**9.6.5**　誘導型電力量計

一般の家庭に設置されている簡単な計器で，円板の回転数から電力量を測定している（図 9.34）．電気の仕事 $W[\mathrm{J}]$ は，電力 $P[\mathrm{W}]$ と時間 $t[\mathrm{s}]$ の積であるが，これでは単位が小さ過ぎるので，キロワット $[\mathrm{kW}]$ ×時間 $[\mathrm{h}]$ で表す．

電圧コイルと電流コイルの間にアルミの円板を置き，負荷電圧 V による磁束 ϕ_P と負荷電流 I による磁束 ϕ_C の作用で電力を測定している．今，ϕ_P の位相は電圧より $90°$ 遅れ，ϕ_C の位相は電圧より φ だけ遅れるようにすれば，ϕ_P と ϕ_C の位相差は $90° - \varphi$ となる．ϕ_P が電圧 V に，ϕ_C が電流 I にそれぞれ比例するから，円板にはたらくトルク τ_D は次式のとおりである．

$$\tau_D = K_1\phi_P\phi_C\sin(90° - \varphi) = K_2 VI\cos\varphi \tag{9.38}$$

ここで K_1，K_2 は定数なので，τ_D は電力 $VI\cos\varphi$ に比例している．

アルミ円板は，駆動制御トルク τ_C に比例した回転速度 ω で回転し，磁石により**渦電流**（eddy current）が発生する．円板は等速度で回転しているから，$\tau_D = \tau_C$ の関係を保ちながら回転する．よって次式が得られる．

$$\tau_\mathrm{C} = K_3 \cdot \omega \quad (K_3：定数) \tag{9.39}$$

$$K_3 \cdot \omega = K_2 VI \cos \varphi \tag{9.40}$$

ある時間 t の間の円板の回転数 N は ωt に比例するので，歯車で減速して計量装置に伝えれば，電力量が積算できる．

$$N \propto \omega \cdot t \propto VI \cos \varphi \cdot t = P \cdot t \ [\mathrm{kWh}] \tag{9.41}$$

例題 9.3 （1）正弦波の電圧を負荷に印加し，電流を流した．それらの振幅は 100 V と 5 A であった．電圧と電流の位相角は 30° であった．このときの有効電力，無効電力，皮相電力を求めよ．

（2）図 9.35 のような構成で負荷の消費電力を測ったとき，電流計，電圧計の読みはそれぞれ I'，V' であった．負荷で消費された電力を求めよ．電圧計の内部抵抗を R_V とする．

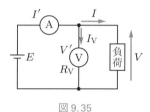

図 9.35

解 （1）電圧と電流の振幅をそれぞれ v，i とすると，電圧の実効値 v_rms，電流の実効値 i_rms は，それぞれ $v_\mathrm{rms} = v/\sqrt{2}$，$i_\mathrm{rms} = i/\sqrt{2}$ なので，

$$有効電力：P = v_\mathrm{rms} i_\mathrm{rms} \cos \phi = \frac{vi}{2} \cos 30° = 216.5 \ \mathrm{W}$$

$$無効電力：Q = v_\mathrm{rms} i_\mathrm{rms} \sin \phi = \frac{vi}{2} \sin 30° = 125 \ \mathrm{var}$$

$$皮相電力：S = v_\mathrm{rms} i_\mathrm{rms} = \frac{vi}{2} = 250 \ \mathrm{VA}$$

となる．なお，無効電力の単位 [var]（バール）は，volts，ampere，reactive power の頭文字をとったものである．

（2）電圧計の読みは $V' = V$ であり，電流計の読みは，内部抵抗 R_V の電圧計に流れる電流 $I_\mathrm{V} = V/R_\mathrm{V} = V'/R_\mathrm{V}$ を含むので，$I' = I + V'/R_\mathrm{V}$ である．したがって，負荷での消費電力は

$$P = IV = \left(I' - \frac{V'}{R_\mathrm{V}} \right) V' = I'V' - \frac{V'^2}{R_\mathrm{V}}$$

9.7 　磁気の測定

　本節では，磁界，磁束，磁化率の測定方法について述べる．磁界は基本的に磁束密度 B または磁界の強さ H で定義され，互いに磁性材料の透磁率 μ と $\mu = B/H$ の関係にある．なお，真空中では $\mu_0 = 1.256\,637\,062\,12 \times 10^{-6}\,\mathrm{N/A^2} \fallingdotseq 4\pi \times 10^{-7}\,\mathrm{H/m}$ である．

≫9.7.1　磁界の測定

　磁界の強さの測定には，磁力計をはじめとして多くの方法があり，測定場所，磁界の大きさに応じて適当な方法を選択する．図 9.36 に示す磁力計はその一例で，小さな磁石を鏡に固定して細い糸でつるして磁界中に置くと，磁極 N，S は磁界の方向を示すので，既知の強さの磁界との組合せで未知の磁石の強さを測定できる．

　図 9.37 では，上方が北として地磁気の水平分力 H_e を用いて，棒磁石が点 O に作る磁界の強さを測定している．棒磁石による磁界 H_m は，磁力計の振れ角 θ から次式で求められる．

$$H_\mathrm{m} = H_\mathrm{e} \tan \theta \tag{9.42}$$

磁極の強さが m で，$2l \ll d$ とすると，近似的に $H_\mathrm{m} \fallingdotseq 4ml/d^3$ であるから，磁石のモーメント $2ml(= H_\mathrm{m}d^3/2)$ も測定値 θ から求めることができる．

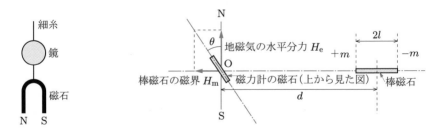

図 9.36　磁力計 　　　　　　　　　図 9.37　棒磁石が点 O に作る磁界の強さの測定

≫9.7.2　磁束の測定

　磁束を測定する方法として**衝撃検流計**(ballistic galvanometer)，**電子磁束計** (electronic fluxmeter)，ホール効果，**超伝導量子干渉素子**(**SQUID**：superconducting quantum interference device)磁束計による方法がある．

(1)　衝撃検流計を用いた磁束の測定

　衝撃検流計(図 9.38(a))は，サーチコイルを用いてコイル中の磁束 ϕ[Wb]，磁束

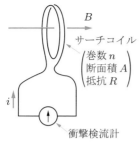

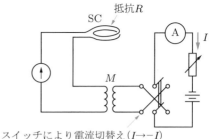

（a）衝撃検流計による磁束測定 　　　（b）検流計定数の測定

図 9.38　**衝撃検流計による磁束測定**

密度 $B[\mathrm{T} = \mathrm{Wb/m^2}]$ を測定するものである．磁束密度 B の中に巻数 N，断面積 A $[\mathrm{m^2}]$，抵抗 $R[\Omega]$ のサーチコイルを図のように直角に置き，一瞬の δt 秒間で $90°$ 回転させて鎖交磁束をゼロにする．このときの磁束の変化は $\delta\phi = BA[\mathrm{Wb}]$，鎖交磁束の変化は $N\delta\phi = NBA[\mathrm{Wb}]$ となる．よって，電磁誘導による起電力 e，誘導電流 i は次式となり，

$$e = N\cdot\frac{\delta\phi}{\delta t} = \frac{NBA}{\delta t} \tag{9.43}$$

$$i = \frac{e}{R} = \frac{NBA}{R\cdot\delta t} \tag{9.44}$$

この回路に δt 秒間流れる全電気量 $Q[\mathrm{C}]$ は次式となる．

$$Q = i\delta t = \frac{NBA}{R} \tag{9.45}$$

　検流計の指針の振れ角 θ_{m} は Q に比例し，次式が得られる．

$$Q = \frac{NBA}{R} = k\theta_{\mathrm{m}} \qquad \therefore\quad B = \frac{kR}{NA}\theta_{\mathrm{m}} \tag{9.46}$$

ここで，k：検流計の衝撃定数．よって，磁束密度 B は指針の振れ角から求めることができ，磁束 ϕ はこの磁束密度 B に断面積 A を掛けて求められる．

　検流計の衝撃定数 $k[\mathrm{rad/C}]$ を求めるには，図 9.38（b）のような回路を用いる．回路中に直流電流 $I[\mathrm{A}]$ を流しておき，切替えスイッチを δt 秒間で急に変えて，相互誘導コイルの電流を I から $-I$ に変化させると，磁束計に起電力 e が発生する．

$$e = M\cdot\frac{2I}{\delta t} \qquad \therefore\quad \delta t = 2I\cdot\frac{M}{e} \tag{9.47}$$

このとき，衝撃検流計の針が最大で θ_{m} 振れ，δt 秒間に流れる全電気量 Q は

$$Q = I \cdot \delta t = \frac{e}{R} \cdot \delta t \tag{9.48}$$

である. 一方, $Q = k\theta_\mathrm{m}$ であるから, 次式が得られる.

$$\frac{e}{R} \cdot \delta t = k\theta_\mathrm{m} \tag{9.49}$$

式(9.46)の δt を式(9.48)に代入すると次式が求まる.

$$k = \frac{2I \cdot M}{R\theta_\mathrm{m}} \tag{9.50}$$

(2) 磁束計による方法

電子磁束計(図9.39)は, **さぐりコイル**と積分器で構成されていて, さぐりコイルには磁束 ϕ の変化により電圧 V_1 が生じる.

$$V_1 = -N \cdot \frac{d\phi}{dt} = -NA \cdot \frac{dB}{dt} \tag{9.51}$$

積分器の出力 V_0 は次式のとおりで,

$$V_0 = -\frac{1}{RC} \int V_1 dt \tag{9.52}$$

式(9.51)の V_1 をこの式に代入すると次式が求まる.

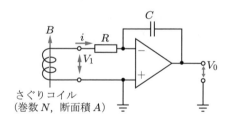

図9.39 **さぐりコイルと積分増幅器を用いた磁束の測定**

$$V_0 = \frac{1}{RC} \phi \tag{9.53}$$

このように出力電圧 V_0 は ϕ に比例するので, ϕ の値が直接読めるように目盛が刻んである. 磁束密度 B は ϕ をコイルの断面積 A で割って求める. この磁束計は 10^{-3} ～1 Wb までの磁束測定が可能である.

(3) ホール素子による方法

ホール効果電力計で述べたように, ホール起電力 V_H は磁束密度 B に比例しているので, 電流 I を一定にして V_H を測定すれば磁束密度が測定できる. ホール素子は温度に安定なインジウムヒ素(InAs)が望ましい. 測定可能範囲は 1×10^{-4}～$3 \times$

10^{-2} T (DC)，0.1～3 T (400 Hz) 程度で，精度は±2%である．

演習問題

9.1 正は〇，誤は×とせよ．

① 3電圧法は実用的な交流電力測定法である．

② ジョセフソン素子は電圧の標準である．

③ 電流は電磁気的量の基本単位であるが，保存できない量である．

④ 交流ブリッジには通常受話器が用いられる．

⑤ ホール素子は磁束測定には用いるが，電力測定には使わない．

⑥ 低い周波数を精度よく測るには，周期を測定して，それから周波数を算出するほうがよい．

⑦ 日本では周波数の標準として，一定周波数の電波が一般利用の目的で発射されている．

9.2 交流電力の測定法の一つである3電流計法について述べよ．

9.3 ウィーンブリッジの回路図を書き，関係式を導出し，周波数測定法について述べよ．

9.4 クロスキャパシタの静電容量の測定精度は 10^{-7} と非常に高い．その理由を述べよ．

9.5 電圧の量子標準であるジョセフソン接合素子で標準電池を校正する場合に留意すべき誤差要因を三つ述べよ．

9.6 最大目盛が200 V，内部抵抗が30 kΩ の直流電圧計に外部抵抗を直列に接続して1 kVまで読めるようにしたい．抵抗値を求めよ．

9.7 テスタの使用上の注意点について述べよ．

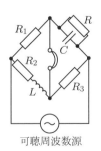

R_1　R　R_2　C　L　R_3

可聴周波数源

図 9.40

9.8 図 9.40 のようなブリッジ回路において，$R_1 = 30\,\Omega$，$R_2 = 50\,\Omega$，$R_3 = 15\,\Omega$，$L = 45\,\mu\text{H}$ のときに音が消えた．平衡状態の式を立てて，R と C の値を求めよ．

9.9 電圧降下による測定誤差を避ける直流電圧測定法の回路図を示せ．

Topics 超伝導量子干渉素子（SQUID）

　超伝導量子干渉素子を用いた干渉計で，微弱な磁気を測定することができる．SQUID は，1962 年にジョセフソン（B. D. Josephson）が理論的に予言したジョセフソン効果を利用している．その効果とは，薄い絶縁物を超伝導体で挟んだジョセフソン接合において，ある臨界電流値まで電圧ゼロで電流を流せるということで，しかも，超伝導が崩れても特徴のある電流電圧特性を示す．

　本章で述べた電圧の量子標準は，その応用例の一つである．SQUID も同じで，図9.41 に示すような超伝導リングにジョセフソン接合を組み込んで，高感度の磁気センサを実現している．

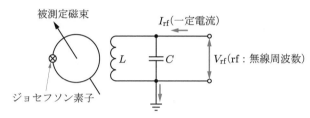

被測定磁束

I_{rf}（一定電流）

L　C　V_{rf}（rf：無線周波数）

ジョセフソン素子

図 9.41　**LC 回路と結合した rf 型 SQUID の基本回路**

　同図の超伝導リングが完全な超伝導体でできていれば，リング内の磁束は保存され，外から磁束を出し入れすることはできない．しかし，超伝導特性が完全ではないジョセフソン接合がリングに組み込んであるので，測定すべき磁束が入ると，電流値を一定にした状態では電圧値が周期的に変動する．

　図の例は，**rf**（radio frequency：無線周波数）**型**で，**ラジオ周波数**に相当する高周波電流を用いて，LC 回路と電磁誘導で組み合わせた形になっている．このような回路を図9.42 のように **2 次微分型磁束検出コイル**と組み合わせ，より感度のよい磁気センサとすることができる．

　すなわち，同図のコイルは，2，3 のコイルと 1，4 のコイルが逆回りに巻いてあるので，一様な磁界に対しては感じない．しかし，磁界は距離の三乗に反比例するので，近接磁気源からの磁界は，同図のようなコイルでもゼロにはならず，いわゆる 2 次微分

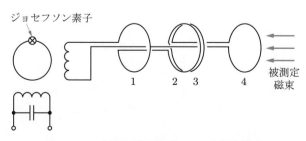

ジョセフソン素子

1　2　3　4

被測定磁束

図 9.42　**2 次微分型磁束検出コイルの基本構成**

値が計測でき，地球磁場のような**外乱磁界**の影響を取り除いて，高い S/N で磁界測定ができる．磁気測定は外乱磁気との戦いであり，上記のような工夫とともに磁気シールドルームを利用して，S/N を上げるような努力が払われている．

応用展開としては，生体の磁気計測が進んでおり，心筋による磁界，肺の中の磁性物質の磁界，眼球の磁界，骨格筋の磁界などの測定が行われ，心磁図や肺磁図の有用性が認められてきている．脳磁界は心磁界より約 2 桁弱いので，その計測は困難であるが，脳の局在的な機能を調べるのに有効である．

この脳磁気計測装置は，第 8 章ですでに述べた X 線 CT や MRI-CT に次いで医療用計測機として有望である．X 線 CT や MRI-CT と違って脳の内部構造の測定ではなく，脳の活動状況を測定できるので，医療用として有効な情報が得られるだけでなく，精神鑑定，快適性の評価などに利用できる可能性がある．

従来は，脳の活動を計測するのに脳波を測定していたが，脳の内部のはたらきは正確に測定することができなかった．脳磁気測定装置を用いれば，3 mm 程度の精度で，しかも，0.3 ms から 1 ms 程度の時間分解能で，きめ細かくその活動を観測できる．このような測定が実現できるようになったのは，複数の SQUID 磁気センサを組み込んだ装置が開発されたためで，すでに 148 チャンネルの磁気センサが開発されている．チャンネル数が増えると一度に複数の部位の磁気を測定できるので，短時間で測定が可能になり，一過性の現象が測定できるだけでなく，磁気雑音の判定が正確になり，S/N 向上につながる．

今後の課題は，磁気シールド効果の高い環境を実用レベルで実現することである．外乱さえ抑えれば，ジョセフソン素子を二つ組み込んだ**直流型 SQUID** が使うことができる．これは，**rf 型 SQUID** より S/N が高いので，より高精度な計測が可能である．

第10章　測定量の記録

　測定量の記録は計測において欠かすことはできないものであり，測定量を記録すること自体，計測作業の効率を上げ，計測ミスの抑制になる.

　記録の方法は種々あり，高周波数領域では，オシロスコープが使われ，低周波領域になるにつれて，グラフ記録計とよばれるペンオシロ，ペンレコーダ，X-Y レコーダ，X-Y プロッタなどが利用される. オシロスコープは高速応答にすぐれているが直記性に欠けているのに対して，ペンレコーダは応答が遅いが，長期間にわたるデータの記録に適しており，多チャンネル化により，複数のデータを色別に記録できるなどの便利さがある.

　ここでは，はじめにグラフ記録計として広く使用されているペンレコーダ，そしてX-Y プロッタ，X-Y プロッタについて述べ，後にディジタル化の波に乗って進化を続けているオシロスコープについて述べる.

10.1　グラフ記録計

》》10.1.1　ペンレコーダ

　ペンレコーダには，**直動型**と**自動平衡型**がある. 前者は入力信号で直接指示計器を振らせ，その指針で記録する. その構成を図 10.1 に示す. 可動コイルに記録したい信号電圧が印加され，そこに流れる電流に比例した回転角だけペンを振らせて記録す

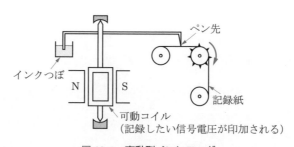

図 10.1　直動型ペンレコーダ

るようになっている．後者は入力を増幅して**サーボモータ**でペンを動かしており，直動型より広く利用されている．図10.2，図10.3はその例で，図10.2は2チャンネル直読記録型である．図10.3は**多チャンネル方式**で，連続記録でなく**打点式**になっており，一般的にチャンネル数は6〜12程度である．

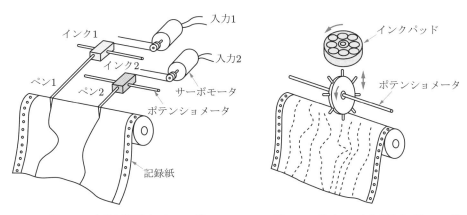

図10.2　**自動平衡型ペンレコーダ**　　　　図10.3　**多チャンネル打点方式レコーダ**

　自動平衡型レコーダの動作原理は，測定量がある基準量と等しいかどうかを調べる**零位法**を基本としている．その構成を図10.4に示す．入力電圧 V_i と電位差計の電圧 V_s との電位差 $V_i - V_s$ が誤差検出器で検出され，これが増幅されてサーボモータを回転させる．サーボモータが回転するとシャフトが動き，それによって電位差計の電圧 V_s も変化する．V_s が V_i に等しくなったとき，誤差検出器からの誤差信号は0となる．よって，増幅器の出力は0となるので，サーボモータを停止させ，シャフトをペンに連結させておけば，停止したペンは入力電圧 V_i を正確に記録する．

　ペンレコーダもディジタル技術により便利になっている．多ペンレコーダはチャンネル間のペン差の問題があったが，そのペン差を解消した**ペン差レスタイプ**が世の中

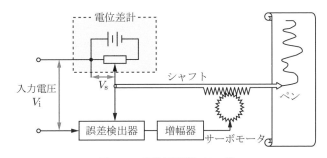

図10.4　**自動平衡型レコーダ**

に出てからすでに久しい．このペン差レス化はディジタル技術に負うところが大きく，それが一つのはずみになって，記録計のディジタル化の波が急速に高まってきた．たとえばメモリを利用して，速い応答が可能な機種が出現している．それらの機種では，変化の速い現象の測定に当たって，そのデータをいったんメモリに保存して，ペンレコーダの応答速度に合わせて測定データをメモリから読み出し，記録している，したがって，完全なリアルタイムではないが，実用上差し支えない程度の速度で記録ができる．

　もう一つ例を挙げれば，いろいろな信号に対する自動的な即応機能を挙げることができる．たとえば，従来のペンレコーダでは，ボルトオーダの電圧信号と熱電対のミリボルトオーダの信号を自動で同列に扱うことはできなかったが，メモリを利用したものは，コンピュータの判断により，入力信号レベルのレンジを選定し，自動的に対応できるようになっている．

≫ **10.1.2　X-Y レコーダと X-Y プロッタ**

　X-Y レコーダは，X，Y 軸ともに入力信号に応じてペン駆動する記録計で，2 種類の計測量を入力することにより，図 10.5 に示すような記録が可能である．モータには，基本的にペンレコーダと同じものが使われている．

　X-Y レコーダは，記録動作中常にペンが紙面に接しており，一筆書きの方式で測定量が記録されていく．一方，同じような名称ではあるが，X-Y プロッタはその名のとおり，入力データに基づいて一点ずつ打点ができるもので，記録計のイメージから少し離れるが，コンピュータからのデータを記録表示する場合に用いられている．

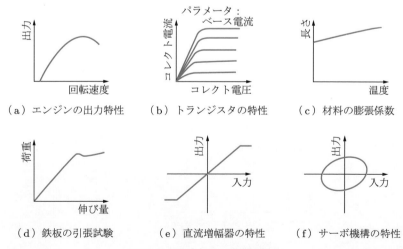

（a）エンジンの出力特性　　（b）トランジスタの特性　　（c）材料の膨張係数

（d）鉄板の引張試験　　（e）直流増幅器の特性　　（f）サーボ機構の特性

図 10.5　**X-Y レコーダの記録例**

記録計というより，むしろコンピュータ解析の結果を記録表示するための出力装置と見るほうがふさわしい.

　なお，今ではカートリッジペンに代わって**インクジェット方式**のペンが採用されている. インクジェット方式とはその名のとおり，インクを直径 0.05 mm くらいのノズルから噴き出して文字や図形を描く方式である. コンピュータ制御によるカラー画像の印刷にも最適なので，主にコンピュータ用プリンタとしての利用が盛んである.

 ## 10.2　オシロスコープ

　オシロスコープは元来高速現象の観測用であり，その現象を記録するためにはブラウン管などの面に表示された波形を写真撮影する必要があった. しかし，近年はディジタルオシロスコープが主流になり，強力なトリガ機能を備え，単発現象をとらえて記録できるようになった. また，そればかりでなく，ディジタル演算処理能力によって各種の波形解析もできるようになり，観測用のみならず，有効な波形解析，波形記録装置としても用いられている.

≫10.2.1　アナログオシロスコープ

　動作原理を図 10.6 に示す. プローブからの入力信号は増幅器を通って垂直偏向板に印加される. 偏向板に加えられた電圧に応じて電子銃から放出された電子ビームが蛍光スクリーン面を上下に移動する.

　また，入力信号はトリガシステムに入り，トリガ信号を基に水平掃引発生器を起動させてのこぎり波状の信号（掃引信号）を発生させ，これが増幅されて水平偏向板に印加される. この掃引信号の周期に応じた速度で電子ビームは水平方向に移動する. この**トリガ機能**は，入力信号の同じポイントで繰り返し掃引を開始させ，波形を安定して表示するためのものである.

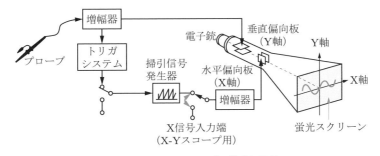

図 10.6　**オシロスコープの構成と原理**

　上記の結果，電子ビームは信号波形と相似な軌跡をたどり，信号波形が蛍光スク
リーン面に輝線として現れる.

　ほかには，入力信号回路を複数もつ多現象オシロスコープがあり，複数の信号波形
を比較したりするのに使用される. たとえば，映像増幅回路の入力信号と出力信号を
比較して増幅回路の直線性を評価したり，フィルタの入出力信号を観測しながらフィ
ルタの設計をすることができる.

≫10.2.2　ディジタルオシロスコープ

　LSI 技術の急速な進歩は，高度な回路技術であった高速 A-D 変換技術を身近なも
のにし，その応用範囲を様々な分野にまで広げている. ディジタルオシロスコープは，
このような技術的背景のもとに成長し，従来のアナログオシロスコープには不可能で
あった様々な機能が実現されている.

　そこでまずディジタルオシロスコープを述べる前に，A-D 変換技術を理解してお
く必要がある.

　アナログ信号とは，信号の変化が時間的に切れ目なく連続している信号であり，温
度変化や湿度変化，風による木の揺れなどの自然現象はすべてアナログ信号である.
一方でディジタル信号は，0 または 1 を示す信号であり，その中間の 0.5 などは考慮
しない信号のことである. このような信号を連続した信号に対して，離散信号などと
よぶ場合もある.

　アナログ信号をディジタル信号に変換するには，図 10.7 に示す三つの過程を経る.

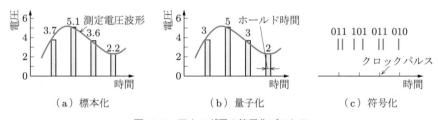

図 10.7　アナログ量の符号化プロセス

（1）標本化

　変換すべきアナログ量を一定周期のクロックパルスにタイミングを合わせてその値
を読む. これを**標本化**あるいは**サンプリング**という. このクロックパルスを**サンプリ
ングパルス**といい，その周波数を**サンプリング周波数**という.

（2）量子化

　標本化したアナログ量を有限桁の数に変換する. この操作を**量子化**という. 図の例

では，小数点以下を切り捨てている．このため，標本化された値と量子化された値には差が生じる．これを**量子化誤差**とよび，この誤差が大きいとディジタル信号の信頼性が失われてしまう．量子化誤差は，次の符号化と大きな関係がある．

また，アナログ量を量子化する間，標本化したアナログ量を保持していなければならない．このような操作を行う回路を**サンプルホールド回路**という．

（3） 符号化

量子化された値を決められたビット数で2進数表現する．このビット数を**分解能**とよび，ビット数が多ければより細かな値を表現できることになる．たとえば，ビット数が2（分解能が2ビット）の場合，表現できるのは，00，01，10，11の4種類である．つまり，入力されたアナログ信号は，4等分されたいずれかの値でしか表現できないことになる．分解能が3ビットの場合，8種類で表現できるので，2ビットに比べてより細かな値を表現できることになる．

図の例では量子化された値は，3ビットの2進数として表現されている．これを**符号化**とよぶ．

ディジタルオシロスコープは，アナログ入力信号を前記のA-D変換操作でディジタル信号に変換してそのデータを記録し，これを必要なデータに加工して表示するものである．簡単なブロック図を図10.8に示す．なお，A-D変換の具体的な回路は専門書を参照されたい．

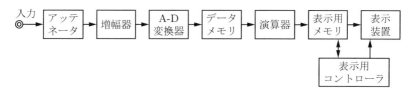

図 10.8 ディジタルオシロスコープの原理ブロック図

入力信号は感度切換えのためのアッテネータを介して増幅器へ導かれ，適当な大きさに増幅された信号は，次のA-D変換器に導かれる．A-D変換器でサンプリングされたデータは，順次データメモリに記録されていく．そして，必要に応じてデータメモリのデータを加工してから表示メモリへ転送され，ディスプレイコントローラによって表示装置上に表示される．

以上のように，入力信号はデータとしてメモリに記録され，それを遅い速度で読み出して表示することが可能となったため，オシロスコープの小型軽量化のために表示装置として応答速度の遅い液晶パネルがブラウン管に取って代わることが可能となった．

ディジタルオシロスコープの主な特徴は次のとおりである.

① 波形を記憶することが可能

これにより単発現象やノイズ波形を簡単に記録したり，またそれらを再生して観測することができる.

② データ加工が容易

信号解析ソフトにより，記憶されたデータの加工が容易である. 例としては，以下の三つが挙げられる.

・波形の拡大，縮小

・FFT (fast fourier transform) 機能搭載のオシロスコープでは，入力信号の周波数分析が可能

・2 現象ディジタルオシロスコープを使用することで，スイッチング素子の瞬時電力や平均電力の測定，さらに電源品質を表す諸特性(有効電力，皮相電力，力率など)の測定も可能である.

③ 観測波形の保存，再生が可能

RS-232C，USB などにより，データの処理や保存のために転送することもできる.

≫10.2.3　信号検出とプローブ

信号検出の際は，信号をオシロスコープの入力端子まで導くことが重要だが，そのポイントの一つは**負荷効果**である. 負荷効果とは，測定のためにプローブを接続することで，測定信号そのものが変化してしまうことをいう. どんなによい測定器を使っても，測定信号が変わってしまうのでは元も子もない. このため，通常は 10：1 のパッシブプローブなどを使って測定側のインピーダンスを高くして負荷効果を低減する.

もう一つのポイントは，**伝送特性**である. ここでいう伝送とは，測定ポイントからオシロスコープの入力端子までを意味する. プローブを使う場合は，プローブ本体の伝送特性に測定点からプローブの真の入力点までの特性を加えて，伝送特性を考えねばならない. プローブ自身の伝送特性はプローブによって決定されるから，使用する周波数帯域に合致したものを選択する.

一般にオシロスコープの入力抵抗は 1 MΩ であるが，それに並列に入る入力容量は機種によって異なる. また，同じ機種でもチャンネルごとに入力容量のばらつきがあるため，オシロスコープとプローブの組合せが変わると，プローブの位相補正が必要になる. この調整が適切でないと，周波数に対して利得が一定にならず，正しい測定ができない. よって測定するにあたっては，必ず図 10.9 のようにプローブ調整を行い，信号の出力インピーダンスが高い場合や，大きな電圧の波形を見るときは**減衰**

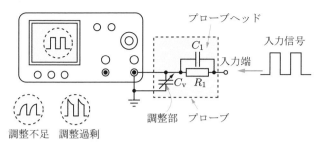

調整不足　調整過剰

図 10.9　**オシロスコープ用プローブの調整**

プローブ(普通は 1/10)を用いる．なお，調整用の**方形波発生端子**があるので，プローブ調整のときはこれを用いる．調整が済んだら AC-GND-DC スイッチを GND にして，輝線の位置を POSITION つまみで希望のレベルに調整したあと，ゲインと時間のつまみを調整する．"0.5 V/DIV" とは 1 目盛が 0.5 V という意味で，時間軸のほうも同様に，1 目盛当たりの表示である．

　DC 成分を含んだ信号波形を見たい場合は DC モードで測定する．AC モードでは DC 成分を除去して表示するので，図 10.10 に示すさざ波のような交流脈動だけを詳細に観測する場合などに使う．

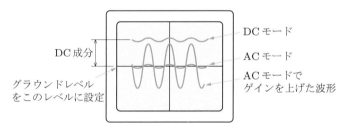

図 10.10　**AC モードと DC モード**

　波形の測定においては，周波数応答性を考慮しておかなければならない．オシロスコープの仕様で定められている周波数帯域を B[Hz]とすると，そのオシロスコープの立上り特性との間には，次の関係が成り立つ．

$$B \cdot T_R = 0.35 \tag{10.1}$$

ただし，T_R は図 10.11 に示す立上り時間で，通常，観測したい波形の立上り時間の 1/3 程度の T_R 値のオシロを選べば，大きな問題はない．なお，パルス幅は 50％値間の幅なので半値幅ともいう．

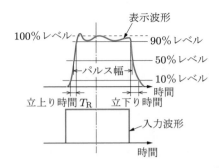

図 10.11　**入力波形と表示波形**

演習問題

10.1　正は○，誤は×とせよ．

① 直動型記録計は自動平衡型より応答が速い．

② 自動平衡型記録計のペン駆動部は 3 種類の方式がある．

③ ストレージオシロは電子式記録計の一種である．

④ 周波数の低い二つの信号波形をオシロスコープで比較するときは，CHOP モードより，ALT モードのほうがよい．

⑤ レーダの表示装置は一種のオシロスコープである．

⑥ オシロスコープの AC-GND-DC つまみを DC にすると，信号の AC 成分は削除される．

10.2　記録計ペン駆動用の 2 相誘導交流モータの利点を四つ述べよ．

10.3　X-Y 記録計はどんなところに使われているか．四つの例を挙げよ．

10.4　立上り時間が 1 ms の波形を観測するには，どの程度の周波数帯域のオシロスコープを使えばよいか．

Topics　**あいまい量の計測**

計測の歴史を振り返ってみると，物の重さや長さなどの外延的な量を測ることから，時間，温度，熱量などのように内包的な量の測定に進み，さらに複雑な物理量の計測が行われるようになり，今では，人間の感性に関するような量の計測が盛んに試みられるようになってきている．

一方，単に物理量を測るだけでなく計測の目的を理解して，その目的にかなったデータの取得を理想として，より賢い計測をしようという努力がなされている．一言でいえば，"インテリジェント計測" ということになるのであろう．要するに，**知能化計測**の方向に進んでおり，複数のデータを総合的に判断して，人類が欲している情報を提供す

ることができるようになってくると期待されている.

　感性に関する情報は, まだ十分計測できていない量の一つで, 測定そのものが難しいという側面と, 人の主観が介在してくるため, あいまいになるという側面がある. この"あいまい"という概念はどの測定量にもあることで, だからこそ測定精度が常に問題になる.

　長さや重さや時間というような量は物理的に明確で, 感性・感覚量に比べたらあいまいさはないに等しいといえるが, これらの量にしても, 科学が発達する以前を考えればかなりあいまいだったのである. 科学の進歩に伴い, その本質が解明され, あいまいさが払拭されてきたわけで, 感性・感覚量もこれからその本質が解明されあいまいさが取り除かれていくものと考えられる.

　物の本質を解明するということは, 科学の総合力でなされていく話だが, それはそれとして, 計測の切り口からの取り組みも重要である. あいまいさがあることを素直に認め, データの解析だけでなく, 先見的な知識やその場の状況判断も利用して, そのあいまいさをできるだけ少なくしていこうという研究が進められている.

　あいまいさは, 通常の誤差のように定量的に数値で表現できないことが多いが, それでも測定の対象をモデル化し, 一つずつ1対1で比較検討していくことにより, ある程度の数値化が可能であり, 感性・感覚量のような測定量でもそのあいまいさを誤差という概念で捉えることができる.

　そこで, その具体例として**解領域**という概念を用いた, あいまい量の計測手法の一つを紹介する.

　一般に, 計測はある目的をもって行われ, 一つのデータが得られればその不確定さに対応した幅をもった解が得られたことになる.

　この解領域は狭いほど解が明確なので, 複数のデータを取得することにより, 領域を狭め, 求める解をより明確にすることになる. 複数のデータを取得するということは, 解領域で複数の限定された領域が示されることであり, 一つの測定対象に対する領域については, 共通の領域がまさに求める解であると理解できる.

　もし万一, 離れ領域ができた場合は, 通常その解は無視することになる. もちろん, その判断に当たっては, 慎重に考慮して, なぜそうなったかという原因の分析あるいは究明が必要で, 納得のいく条件で処理するような配慮が大切である. また, 解がばらばらで, 共通領域が得られないような場合は, 測定の方法や計測手法の根本が問われることになり, 計測以前になんらかの問題があると考えられる.

　ここで, 複数の測定データを解析する手法自体は, 従来から行われていることでなんら目新しいものではない. しかし, あいまい量をある程度数値化して解領域で解析していこうという考えは, それを出発点にして一つの手法を構築していく土台になっている. その具体的な内容について一つだけ述べれば, 一般に, 先見的知識やその場の判断を利用する場合, 解領域法においては, それらを積極的にきちっとした理論体系の中に組み込んで評価するということであり, 次に述べるような効果が期待される.

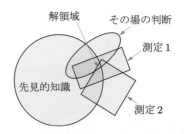

図 10.12 **解領域の一例（2 次元座標に簡単化）**

　図 10.12 は，解領域を簡単化して 2 次元座標で表した概念図であるが，同図においては，測定データに対応する解領域と先見的知識および判断に基づく領域は同列に評価しており，すべてを共有する領域だけが求める解領域であると結論している.

　もちろん，通常の計測においてもこのような先見的知識の利用やその場の判断はなされているが，しっかりした手法に組み込んでいないので，ことが複雑になり，データ量が膨大で，あいまいさが尋常でない状況に遭遇すると，先見的知識や判断情報を取りこぼしてしまう恐れが多分にある. ところが，解領域法においては一度先見的知識や判断情報を数値化し，解領域の限定した範囲に焼き直して評価に取り込むので，解析作業の中で整理され，間違いなく評価に反映していくことができる. このような効果はあくまでもこの手法の効能のごく一部に過ぎない. ここではその一端を述べて，あいまい量の計測の紹介とした.

演習問題解答

第 1 章

1.1 次のとおり，旧単位，推奨されない単位を含まない①~④が望ましい．

① m：メートル，ミリ

② T：テスラ，テラ

③ d：日，デシ

④ h：時間，ヘクト

⑤ a：アール(推奨されない単位)，アット

⑥ P：ポアズ(旧単位)，ペタ

⑦ G：ガウス(旧単位)，重力加速度(旧単位)，ギガ

⑧ rad：ラジアン，ラド(旧単位)

1.2 入射パワーの次元は，

$$\dim I = \dim W = L^2 M T^{-3}$$

となる．π は定数で無次元，I_0 は $L^2 M T^{-3}/L^2 = M T^{-3}$ の次元で，D^2，A，f^2 はそれぞれすべて L^2 の次元なので，

$$\dim\left(\frac{\pi I_0 D^2 A}{4f^2}\right) = \frac{M T^{-3} \times L^2 \times L^2}{L^2} = M T^{-3} L^2$$

となる．よって，両辺の次元は等しい．

1.3 x_m から 3σ だけ離れているということは，$x = x_\mathrm{m} \pm 3\sigma$ であり，これを次式に代入すると，

$$f(x) = \frac{1}{(2\pi)^{1/2}\sigma} \exp\left\{-\frac{(x - x_\mathrm{m})^2}{2\sigma^2}\right\}$$

$$f(x_\mathrm{m} \pm 3\sigma) = \frac{1}{(2\pi)^{1/2}\sigma} \exp\left\{-\frac{(3\sigma)^2}{2\sigma^2}\right\} = \frac{\exp(-4.5)}{(2\pi)^{1/2}\sigma} \tag{1}$$

となる．$f(x)$ のピーク値は x が x_m のときであるから，$f(x_\mathrm{m}) = (2\pi)^{-1/2}\sigma^{-1}$ で式(1)を割れば，ピーク値との比が得られる．

$$\frac{f(x_\mathrm{m} \pm 3\sigma)}{f(x_\mathrm{m})} = \exp(-4.5) = 0.011 = 1.1\%$$

1.4 $D = 0.50 \pm 0.005\,\mathrm{cm}$ とすると，$\varepsilon_D/D = 1\%$，$\varepsilon_M/M = 4\%$ なので，$\varepsilon_\rho/\rho = \{(3\varepsilon_D/D)^2 + (\varepsilon_M/M)^2\}^{1/2}$ より，$\varepsilon_\rho/\rho = \{(3\%)^2 + (4\%)^2\}^{1/2} = 5\%$ となる．

1.5 計測の重要性を示す言葉は次のとおり.

計測なくして科学なし(科学発展の基礎となっている).

1.6 $0.995 \leq M_\mathrm{T} < 1.005$

1.7 1 fs は 10^{-15} s なので,その時間内に光の進む距離は次のとおり.

$$3 \times 10^8 \,\mathrm{m/s} \times 10^{-15} \,\mathrm{s} = 3 \times 10^{-7} \,\mathrm{m} = 0.3 \,\mu\mathrm{m}$$

第 2 章

2.1 次のとおり.

① ○　② ○　③ ×　④ ○　⑤ ○

2.2 段差のある状態で目盛を読み取る場合,視差による誤差が生じる.その段差が 0.25 mm のとき,明視距離を 250 mm とすると,眼の位置が 20 mm ずれることにより,0.02 mm の誤差になる.

視差は顕微鏡でも生じる.ただし,眼を左右にずらして,十字線に対して像位置が変わらないようにピントを合わせればその心配はない.

2.3 次のとおり.

① 図 2.26(b)の方式では,その誤差は,標準尺の角度変動の二乗に比例する.

② 図 2.26(a)の方式では,顕微鏡の角度変動誤差に比例する.

③ 両者の角度変動は一般に 1 よりずっと小さく,①,② の方式での角度変動を同程度とすると,二乗に比例するほうが誤差が小さいことになり,① の方式のほうが計測精度がよいといえる.

2.4 直径に相当する寸法がすべて同じため,直径測定では真円と判定されるが,真円でない形状である.真円度測定における誤差要因の一つである.

〈参考〉 等径ひずみ円は 2 種類ある.どちらもおむすび型で,一つは 3 頂点を中心にした三つの円弧で形成されている.もう一つは,3 中心が内部にあり,長径と短径で描く六つの円弧をつなぎ合わせたものである.

2.5 次のとおり.

① ±0.01 mm:マイクロメータがよい.30 mm で ±0.004 mm の精度が得られる.

② ±0.002 mm:電気マイクロメータと 2 級のブロックゲージの組合せ.前者の精度は ±0.002 mm 以下で,測定範囲が 2 mm までなので,後者を組み合わせる.後者の精度は 30 mm で ±0.0008 mm である.

2.6 次のとおり.

① 外部からの応力を少なくするために,2 点支持法がとられる.

② 標準尺は自重でたわみにくい形状の断面にする(H 型,X 型,中空型).

③ 2 点支持の位置は,線度器では目盛のひずみを考慮し,端度器では端面の傾きを少なくするように決める.

④ その位置はベッセル点,エアリ点といい,三角柱の稜,円筒側面などを利用し,その接触接線で支持する.

2.7　次のとおり.

〈理由〉

干渉板の傾きは光波干渉測定に直接使わず, 干渉縞本数で計測するため.

〈判断基準〉

① 干渉板の傾きが大きいと, 干渉縞間隔が狭くなり測定精度が落ちる.

② 干渉板の傾きがわずかだと, 干渉縞本数が少なく測定範囲が狭くなる.

③ 上記2点を判断基準にして, 測定対象に合わせて設定する.

2.8　次のとおり.

〈特徴〉

① 測定子の磨耗が少ないので, 測定数が多く, 連続して測定したい場合に適している.

② $\phi 1\,\mathrm{mm}$ 程度の内径測定, 小さい変位測定や厚さ測定に適し, 感度を大幅に調整できる(10万倍程度).

③ 両面を同時に測定すれば, 試料の位置に左右されずに厚さを測れる.

〈留意点〉

① 清浄な乾燥空気を用いること.

② 被測定物の表面粗さが影響するので, ゲージと被測定物の表面粗さを同じ程度にしておくこと.

第 3 章

3.1　① ○　② ○　③ ○　④ ○　⑤ ○

3.2　てんびんのさおが平行四辺形になっているので, 皿に相当するところが傾かないことと, 試料あるいは分銅を皿のどの位置に置いても, さおにかかるモーメントは平行四辺形のかなめの点(交点)にかかるので変わらない. したがって, 試料を置く位置による誤差は生じない.

3.3　一定のポテンシャルエネルギーが運動エネルギーに変換されて, 微小ノズルから気体が噴出する. したがって, 一定体積の気体が噴き出すのに要する時間と気体の密度に関して気体の種類によらない関係式が成立する. そこで, 標準気体との比較により密度を測定できる.

窒素の密度は $\rho_0 = 1.25\,\mathrm{kg/m^3}$ なので, 次のようになる.

$$\rho = \frac{\rho_0 t^2}{t_0{}^2} = \frac{1.25 \times 2.00^2}{1.00^2} = 5.00$$

測定値の精度が有効3桁なので, 評価値は同じく3桁とすべきである.

答：$5.00\,\mathrm{kg/m^3}$

3.4　密度を $\mathrm{g/cm^3}$ 単位にすれば, 次式により算出できる.

$$K = \rho\left(\frac{1}{\gamma} - \frac{1}{d}\right) = 0.0012 \times \left(\frac{1}{6} - \frac{1}{1}\right) = -0.0010$$

$$M = W(1 - K) = 10.010\,\mathrm{g}$$

測定値の精度の有効桁数は 5 桁なので，次のようになる．

　　　　答：10.010 g

3.5 長さの単位を m，質量の単位を kg に統一すると，

$$P_1 - P_2 = \rho g l \left(\frac{S_2}{S_1} + \sin \alpha \right)$$

$$= 1000 \times 9.80 \times 0.100 \times (0.001 + 0.500) = 490.98$$

となる．測定値の有効桁数は 3 桁なので，次のようになる．

　　　　答：491 Pa

3.6 測定値の有効桁数は 3 桁なので，精度の観点で常温の水の密度の補正は不要である．試料液体の比重は次式で求められる．

$$d = \frac{M + m'}{M + m} = \frac{6.00 + 8.00}{6.00 + 4.00} = 1.40$$

答：1.40

3.7 測定値の有効桁数は 3 桁なので，精度の観点で常温の水の密度の補正は不要である．試料固体の比重は次式で求められる．

$$d = \frac{m_1 - m_2}{m_3 - m_2} = \frac{10.00 - 7.00}{8.00 - 7.00} = 3.00$$

答：3.00

第 4 章

4.1 次のとおり．

① ×　② ×　③ ×　④ ×　⑤ ○　⑥ ○　⑦ ○　⑧ ○

⑨ ○　⑩ ○　⑪ ○　⑫ ○

4.2 湿球を吹き抜ける風の速度を一定にして測定できるよう送風部が設けられており，風速に関する係数を一定として計測できるようにしてある．風速は 3 m/s で，係数は $A = 6 \times 10^{-4}\,℃^{-1}$，$A \cdot P = 60\,\text{Pa/℃}$ となっている．

4.3 次のとおり．

①　10 µm での µm 単位波長当たりの量（分光放射輝度）．

$$L_\lambda(T) = \frac{C_1}{\pi \lambda^5 \{\exp(C_2/\lambda T) - 1\}}$$

ここで，L_λ；絶対温度 T のときの単位立体角当たり・単位波長当たりの波長 λ の熱放射パワー，すなわち分光放射輝度．

　　$C_1 = 2\pi c^2 h = 3.741\,774\,9 \times 10^{-16}\,\text{W}\cdot\text{m}^2$

　　$C_2 = c \cdot h / k = 0.014\,387\,69\,\text{m}\cdot\text{K}$

　　$\lambda = 10\,\text{µm} = 10^{-5}\,\text{m}$

平面の半球立体角，2π rad に放射される量は L の π 倍であるから，求める分光放射発散度 M_λ は，

$$M_\lambda = \pi L_\lambda = 31.2 \times 10^6 \,\text{W/m}^3$$

となるが，μm 単位波長当たりの量に換算すると，分母の単位は μm·m² となり，

$$M_\lambda = 31.2 \,\text{W/μm·m}^2$$

が得られ，求める量は 31.2 W である．

② 全波長の放射発散度．

$$M = \sigma T^4$$

ここで，σ はステファン-ボルツマン定数($= 5.670... \times 10^{-8}\,\text{W·m}^{-2}\text{·K}^{-4}$)であるから，

$$T = 300\,\text{K}, \qquad M = 4.59 \times 10^2\,\text{W/m}^2$$

が得られ，求める量は 459 W である．

4.4 $\Delta T = 10.0\,\text{K}$ であるから，熱量は次式で計算できる．

$$Q = mC'\Delta T = 4.17 \times 10^5\,\text{J}$$

ただし，m：水の質量 $= 9982\,\text{g}(20℃)$，C'：水の比熱 $= 4.18\,\text{J/(g·K)}(20〜30℃ での平均値)$．

4.5 次のとおり．

$$絶対温度\ D = \frac{2.167f}{T_d} = \frac{2.167 \times 2.34 \times 10^3}{293.15}\,\text{g/m}^3 = 17.3\,\text{g/m}^3$$

$$相対湿度[\%] = 100 \times \frac{D}{D_s} = 100 \times \frac{fT}{f_s T_d}$$

$$= \frac{100 \times 2.34 \times 10^3 \times 298.15}{3.17 \times 10^3 \times 293.15} = 75.1\%$$

第 5 章

5.1 次のとおり．

① ○　② ○　③ ×　④ ○　⑤ ○

5.2 クヌーセン真空計の式に測定値を入れて算出すると，

$$p = \frac{4FT_g}{T - T_g} = \frac{4 \times 5 \times 10^{-6} \times (273 + 30)}{60 - 30}\,\text{N/m}^2$$

$[\text{N/m}^2] = [\text{Pa}]$ なので，

$$p = 2.02 \times 10^{-4}\,\text{Pa}$$

となる．測定精度の観点から，有効桁数は 3 桁と見るべきなので，次のようになる．

答：$2.02 \times 10^{-4}\,\text{Pa}$

5.3 真空度を mmHg で求めるので，圧力差 Δp は水銀柱の落差 y に置き換えて計算すればよい．単位を mm に統一して計算すると次のようになる．

$$p = \frac{\alpha y^2}{V_B} = \frac{2 \times 3^2}{2 \times 10^5} = 9 \times 10^{-5}\,\text{mmHg}$$

また，1 mmHg は 133 Pa なので，

$$p = 9 \times 10^{-5} \times 133 = 1197 \times 10^{-5}\,\text{Pa}$$

となる．測定値の有効桁数は2なので，次のようになる．

答：$9.0 \times 10^{-5}\,\text{mmHg}$, $1.2 \times 10^{-2}\,\text{Pa}$

5.4 クヌーセン真空計では，温度差のあるガス分子間の圧力差を利用して，絶対圧力すなわち真空度を求めている．加熱板の温度 T は，周囲の温度およびガスの温度 T_g より高く設定されて，しかも加熱板と羽根との間隔は狭く，ガスの平均自由行程に比べても十分狭い．そのため，加熱板で温められたガス分子は，その運動量を保持したまま羽根にぶつかり，周囲のガス分子よりも大きな力を与える．ガス分子の運動量すなわち力積は，絶対温度と次のような関係にある．

$$mv = (2mkT)^{1/2}$$

ここで，m はガス分子の質量，k はボルツマンの定数で，ガス分子の力積は T の $1/2$ 乗に比例していることがわかる．まわりからのガスの作用力は圧力 p であるから，加熱板と羽根の間にあるガスの作用力は $p(T^{1/2} + T_g^{1/2})/2T_g^{1/2}$ と表すことができ，両者の差が測定にかかる力 F になる．

$$F = \frac{p(T^{1/2} + T_g^{1/2})}{2T_g^{1/2}} - p = \frac{p(T^{1/2} - T_g^{1/2})}{2T_g^{1/2}}$$

T と T_g の差が T_g に比べて小さいときは，次式の形に簡略化できる．

$$F = \frac{p[\{1 + (T - T_g)/T_g\}^{1/2} - 1]}{2} \fallingdotseq \frac{p(T - T_g)}{4T_g}$$

ゆえに，$p = 4FT_g/(T - T_g)$ が得られる．

第 6 章

6.1 次のとおり．

① ×　　② ○　　③ ×　　④ ×　　⑤ ○

6.2 式(6.2)において，$F = 50$, $m = 30$ であり，最低の回転数を求めるには，同式で $k = 1$ とすればよい．

$$n = \frac{kF}{m} = \frac{50}{30}\,\text{rps} = 2\pi \times \frac{50}{30}\,\text{rad/s} \fallingdotseq 10.5\,\text{rad/s}$$

6.3 次のとおり．

①　変位計は振動おもり系の固有振動数が低く，測定しようとする振動数の $1/3$ 以下にしてあり，不動点となる．したがって，加振面との相対変位が逆の方向に生じ，この変位を利用して計測している．

②　加速度計は固有振動数が高く，加振運動に十分追従し，加振加速度に比例した出力が得られる．

6.4 基準音圧は人間の感じうる $1000\,\text{Hz}$ 純音の最低音圧である．

第 7 章

7.1 次のとおり.

① ×　　② ×　　③ ○　　④ ○　　⑤ ○

7.2 ロータメータの式に，単位を統一して測定値を入れると，

$$Q = A\alpha \left(\frac{2W}{F\rho}\right)^{1/2}$$

$$= 1 \times 10^{-6} \times 1 \times \left(\frac{2 \times 0.5 \times 10^{-3} \times 9.8}{50 \times 10^{-6} \times 2.0}\right)^{1/2} = (98)^{1/2} \times 10^{-6}$$

となる．測定精度の観点から，有効桁数は 2 桁と見るべきなので，次のようになる.

$$Q = 9.9 \times 10^{-6}\,\mathrm{m}^3/\mathrm{s} = 9.9\,\mathrm{cm}^3/\mathrm{s}$$

7.3 測定時の温度を正確に測定しておくことである.

7.4 ピトー管の圧力を Pt とすると，流速がゼロの状態なので次式が成り立つ.

$$Pt = 定数 \tag{1}$$

制圧管の圧力を P_s とすると，流速は測定流速なので次式が成り立つ.

$$\frac{\rho v^2}{2} + P_s = 定数 \tag{2}$$

右辺の定数は同じなので，式(1)を式(2)に代入して，

$$\frac{\rho v^2}{2} + P_s = Pt$$

を得る．したがって，次のようになる.

$$v = \left\{\frac{2(Pt - P_s)}{\rho}\right\}^{1/2}$$

7.5 管の断面積比(絞り面積比)を，$m = A_2/A_1$ とし，それぞれに対応する速度と圧力を v_1, v_2, P_1, P_2 とすると，次の式が成り立つ.

$$v_2 = \frac{v_1}{m}, \qquad \frac{\rho v_1^2}{2} + P_1 = \frac{\rho v_2^2}{2} + P_2 = 定数 \quad (ベルヌーイの定理)$$

これらを v_1 について解けば，次式が得られる.

$$v_1 = \frac{\{2(P_1 - P_2)/\rho\}^{1/2}}{(1/m^2 - 1)^{1/2}}$$

ここで，v_1 は流体の流速なので，ベンチュリ管の式が得られたことになる.

7.6 レイノルズ数は次式で得られ，それぞれの次元は次のとおりである.

$$Re = \frac{4\rho Q}{\pi \eta D}$$

ただし，Q：流量$(L^3 T^{-1})$，ρ：流体の密度(ML^{-3})，η：流体の粘度$(ML^{-1}T^{-1})$，D：管の直径(L).

したがって，レイノルズ数の次元は次のように計算できる.

$$\dim Re = \frac{(ML^{-3})(L^3T^{-1})}{(ML^{-1}T^{-1})(L)} = (M^0L^0T^0)$$

よって，レイノルズ数は無次元数である．

7.7 落下する球にかかる重力と浮力の差は次式で求められる．

$$F = \frac{\pi d^3(\rho_0 - \rho)g}{6}$$

ただし，$d[\mathrm{m}]$：球の直径，ρ_0 と $\rho[\mathrm{g \cdot m^{-3}}]$：球と流体の密度，$g[\mathrm{m \cdot s^{-2}}]$：重力加速度．
この力が，ストークスの粘性による抵抗力とバランスして，等速運動しているので，

$$F = 3\pi\eta vd = \frac{\pi d^3(\rho_0 - \rho)g}{6}$$

ただし，$\eta[\mathrm{Pa \cdot s}]$：流体の粘度，$v[\mathrm{m \cdot s^{-1}}]$：球体の速度．
これを η について解けば，

$$\eta = \frac{d^2(\rho_0 - \rho)g}{18v}$$

が得られる．これが落下法の式である．

第 8 章

8.1 次のとおり．
① ×　② ×　③ ×　④ ○　⑤ ○　⑥ ○　⑦ ○　⑧ ○
⑨ ○　⑩ ×

8.2 α 粒子は $\mathrm{He^{2+}}$，β 粒子は $\mathrm{e^-}$，すなわち電子．γ 線は電磁波で，電離力と透過力の相互比較をすれば，次のとおりとなる．
電離力：$\alpha > \beta > \gamma$，　　透過力：$\alpha < \beta < \gamma$

8.3 次の関係が成り立つ．
$$R + Tr + \alpha = 1$$

第 9 章

9.1 次のとおり．
① ×　② ○　③ ○　④ ○　⑤ ×　⑥ ○　⑦ ○

9.2 3電流計法は解図 9.1 のように，電流計を三つ用いて負荷にかかる電力を計測する方法で，次式で電力を算出できる．

$$P = \frac{(I_3{}^2 - I_2{}^2 - I_1{}^2)R}{2}$$

9.3 ウィーンブリッジの回路図は解図 9.2 のとおり．平衡時に成り立つ式は，対向するインピーダンスの積が等しいから，次のようになる．

$$\frac{R_1R_4/C_2j\omega}{R_4 + 1/C_2j\omega} = R\left(R_3 + \frac{1}{C_1j\omega}\right)$$

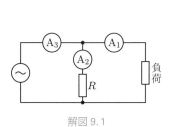

解図 9.1

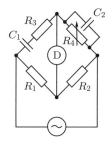

解図 9.2

これを実数部と虚数部に分けて整理すると,

$$R_3 R_4 C_1 C_2 \omega^2 = 1 \tag{1}$$

$$\frac{C_2}{C_1} = \frac{R_1}{R_2} - \frac{R_3}{R_4}$$

となる. そこで, 受話器 D の出力がゼロになるよう R_4 を調節し, 式(1)より ω を求めることができる.

9.4 クロスキャパシタの静電容量の測定精度は, 次の理由により非常に高い.

① 4 本の電極棒の長さで電気容量が決まり, 理論値から外れる誤差要因が少ない.

② 電極棒の長さはガード電極で調整でき, 光波干渉法などにより高精度で測定できる.

9.5 ジョセフソン接合素子で標準電池を校正する場合の誤差要因は次のとおり.

① 標準電池電圧のばらつき

② 分圧器の分圧精度

③ 異種金属接合部の寄生起電力

9.6 内部抵抗 R が 30 kΩ の直流電圧計に外部抵抗 R' を直列に接続して, 1 kV を 200 V に分圧すればよいので, 次式が成り立つように外部抵抗 R' を決めればよい.

$$\frac{R + R'}{R} = \frac{1000}{200} = 5$$

ここで, R は 30 kΩ なので, $R' = 4R = 120$ kΩ である.

9.7 テスタの使用上の注意点は次のとおり.

① 抵抗測定において, 極性をもつものを測定するとき, 赤色の ⊕ 端子にマイナス電圧がかかっていることに留意すること.

② 交流測定では, 波形ひずみによる誤差要因があることに留意すること.

③ 測定量の大きさが不明な場合は大きなレンジから切り替え, なるべくフルスケールに近いレンジまで落して読み取ること.

9.8 平衡状態では, 対向するインピーダンスの積が等しいから次式が成り立つ.

$$R_1 R_3 = \frac{(R_2 + Lj\omega) R}{Cj\omega \{R + (1/Cj\omega)\}}$$

これを実数部と虚数部に分けて整理すると,

$$R = \frac{R_1 R_3}{R_2}, \qquad C = \frac{L}{R_1 R_3}$$

となり,$R_1 = 30\,\Omega$,$R_2 = 50\,\Omega$,$R_3 = 15\,\Omega$,$L = 45\,\mu\text{H}$ であるから,次のようになる.

$$R = 9\,\Omega, \qquad C = 0.1\,\mu\text{F}$$

9.9 電圧降下による測定誤差を避ける電流測定法の回路図は,検流器と電池を用いて解図 9.3 のように組み,検流器の電流をゼロに調節すると $I = I_\text{s}$ となるので,分岐回路の電流を読めばよい.電圧は電池により補償され低減しない.

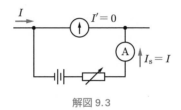

解図 9.3

第 10 章

10.1 次のとおり.

① ×　　② ×　　③ ○　　④ ×　　⑤ ○　　⑥ ×

10.2 記録計ペン駆動用の 2 相誘導交流モータの利点は次のとおり.

① 構造が簡単

② ブラシがいらないので磨耗の心配がない

③ 取扱いが容易

④ 安価である

10.3 X-Y 記録計が使われる例は次のとおり.

① トランジスタの静特性(V-I 特性)

② 鉄板の引張試験(荷重と伸びの関係)

③ 材料の膨張係数測定(温度と伸びの関係)

④ ブレーキ試験(圧力とトルクの関係)

10.4 立上り時間が 1 ms の波形を観測するには,次式で得られる周波数帯域の約 3 倍のオシロスコープを使えば安心である.

$$B \cdot T_\text{R} = 0.35$$

すなわち,$T_\text{R} = 0.001\,\text{s}$ であるから,

$$B = \frac{3 \times 0.35}{T_\text{R}} \fallingdotseq 1\,\text{kHz}$$

となる.

参考文献

　本書を執筆するに当たり，以下に挙げた著書を参考させていただいた．著者に深謝の意を表する．

[1]　苅屋公明，前田親良：計測の科学と工学，産業図書，1993
[2]　苅屋公明：計測科学 – 計測の社会的役割 – ，産業図書，1997
[3]　飯塚幸三(監修)：計測における不確かさの表現のガイド – 統一される信頼性表現の国際ルール – ，日本規格協会，1996
[4]　今井秀孝(編)：計測の信頼性評価 – トレーサビリティと不確かさ解析 – ，日本規格協会，1996
[5]　臼田 孝：新しい1キログラムの測り方，講談社，2018
[6]　大浦宣徳，関根松夫：電気・電子計測，昭晃堂，1992(現在はオーム社より発行)
[7]　大森豊明(監修)：センサ実用事典，フジ・テクノシステム，1986
[8]　大苗 敦，稲葉 肇，洪 鋒雷：光周波数コムによる長さの国家標準，光アライアンス，Vol.21，No.10，p52-56，2010
[9]　ケン・オールダー(著)，吉田三知世(訳)：万物の尺度を求めて – メートル法を定めた子午線大計測 – ，早川書房，2006
[10]　温度計測部会(編)：新編 温度計測，計測自動制御学会，1992
[11]　株式会社エヌエフ回路設計ブロック，技術資料「LCRメータを用いた電子部品の測定」，2004年7月版
[12]　川田裕郎，小宮勤一，山崎弘郎(編)：流量計測ハンドブック，日刊工業新聞社，1979
[13]　久我守弘：論理演算と組み合わせ論理回路，トランジスタ技術，Vol.38，No.5，p172-177，2001
[14]　計量管理協会(編)：温度の計測，コロナ社，1988
[15]　国立天文台(編)：理科年表2020，丸善出版，2019
[16]　斎藤正雄，篠崎寿夫，小島紀夫：ディジタル回路の基礎，東海大学出版会，1985
[17]　次世代センサ協議会：次世代センサ，Vol.29，No.1，p2-5，2019
[18]　谷口 修，堀込泰雄：計測工学(第2版)，森北出版，1991
[19]　冨沢 齍：計測工学 I - III，森北出版，1970

[20] 中村安宏，堂前篤志：ものづくり産業の国際競争を支援する電気標準，Synthesiology，Vol. 3，No. 3，p213-222，2010

[21] 日本規格協会(編)：JIS ハンドブック 機械計測，2019

[22] 日本規格協会(編)：JIS ハンドブック 電気計測，2019

[23] 日本規格協会(編)：JIS ハンドブック 標準化，2017

[24] 服部敏夫：工業計測器，技報堂，1955

[25] 平井平八郎，前田憲一，山口次郎(編)：大学課程 電気計測工学，オーム社，1990

[26] 吉田 彩：特集 小澤の不等式不確定性原理の再出発，日経サイエンス，Vol. 42，No. 4，p34-43，2012

[27] J.P. ホルマン(著)，日野太郎，直江正彦，山下 建，金子双男(訳)：エンジニアのための計測技術，朝倉書店，1981

[28] 真島正市，磯部 孝(編)：計測法概論 上・下，コロナ社，1950

[29] 松代正三，吉田義之(編)：計測工学，産業図書，1979

[30] 室 英夫(編)：マイクロセンサ工学，技術評論社，2015

[31] 森村正直：先端センシング技術，計測自動制御学会，1988

[32] 山口勝美，森 敏彦：計測工学 増補版，共立出版，2002

[33] 計量標準総合センター Web ページ(https://unit.aist.go.jp/nmij/)

[34] 国際度量衡局 Web ページ(https://www.bipm.org)

索　引

編 著 者 略 歴

中村　邦雄　（なかむら・くにお）
　　1963 年　横浜国立大学工学部電気化学科卒業
　　1963 年　松下電器産業(株)入社
　　1989 ～ 2005 年　横浜国立大学工学部非常勤講師
　　1991 ～ 1997 年　日本赤外線学会理事
　　1994 ～ 1998 年　環境庁国立環境研究所地球環境研究グループ客員研究員
　　1996 ～ 1998 年　(社)国際環境研究協会衛星技術委員会委員長
　　現　　在　(一社)日本赤外線学会功労会員
　　　　　　　工学博士

著 者 略 歴

石垣　武夫　（いしがき・たけお）
　　1968 年　早稲田大学大学院理工学研究科応用物理学専攻修士課程修了
　　1968 年　松下電器産業(株)入社
　　1998 年　環境庁衛星センサ開発プロジェクト
　　1999 年　横浜国立大学工学部非常勤講師
　　現　　在　(一社)日本赤外線学会諮問委員
　　　　　　　(一社)次世代センサ協議会理事

冨井　薫　（とみい・かおる）
　　1965 年　大阪大学基礎工学部電気工学科卒業
　　1965 年　松下電器産業(株)入社
　　1998 年　LG 電子(株)東京研究所所長
　　2001 年　横浜国立大学工学部非常勤講師
　　現　　在　(株)来夢多取締役
　　　　　　　映像情報メディア学会情報ディスプレイ委員会委員
　　　　　　　日本学術振興会 158 委員会名誉委員
　　　　　　　工学博士

編集担当	福島崇史・植田朝美（森北出版）
編集責任	富井　晃（森北出版）
組　版	中央印刷
印　刷	同
製　本	ブックアート

計測工学入門（第 3 版・補訂版）

　　　　　　　　　　　　Ⓒ 中村邦雄・石垣武夫・冨井　薫　2020

1994 年 4 月 8 日	第 1 版第 1 刷発行	【本書の無断転載を禁ず】
2006 年 3 月 10 日	第 1 版第 13 刷発行	
2007 年 2 月 28 日	第 2 版第 1 刷発行	
2015 年 2 月 27 日	第 2 版第 8 刷発行	
2015 年 12 月 15 日	第 3 版第 1 刷発行	
2019 年 2 月 28 日	第 3 版第 5 刷発行	
2020 年 2 月 27 日	第 3 版・補訂版第 1 刷発行	
2024 年 3 月 8 日	第 3 版・補訂版第 5 刷発行	

編 著 者	中村邦雄
著　　者	石垣武夫・冨井　薫
発 行 者	森北博巳
発 行 所	森北出版株式会社

　　　　東京都千代田区富士見 1-4-11 （〒102-0071）
　　　　電話 03-3265-8341 ／ FAX 03-3264-8709
　　　　https://www.morikita.co.jp/
　　　　日本書籍出版協会・自然科学書協会　会員
　　　　JCOPY ＜（一社）出版者著作権管理機構　委託出版物＞

落丁・乱丁本はお取替えいたします.

Printed in Japan／ISBN978-4-627-66294-0

MEMO

MEMO

MEMO

MEMO

MEMO